成長の原動力は

会社を儲からないようにする

日本の軽自動車市場を支えた
磯崎自動車工業の50年

磯崎 孝

プレジデント社

成長の原動力は会社を儲からないようにする

これぞスズキの販売店！

板金整備業から一代で全国有数の販売店へ上りつめた
創業者の「独創的な発想」と「商売の秘訣」は必読。
50年間の熱い物語をぜひ手に取って読んでみてほしい。

スズキ株式会社　相談役　鈴木　修

はじめに——成長の原動力は「会社を儲からないようにする」

茨城県ひたちなか市に板金塗装業を立ち上げて、半世紀が経ちました。開業した当初は工場で働く職人社長として「つなぎ（作業着）」をずっと着つづけるつもりだったのですが、その後、中古車販売業に進出し、車検工場もオープン、やがてスズキの副代理店となって店舗数も増え、気がつくと県下有数の自動車販売会社に成長を遂げていました。

ひたちなか市は水戸市などへの地の利がよく、かつては土地もふんだんにあったことから、茨城県の中でも自動車販売店、特に中古車販売店の数が多く、競争の激しい地域でした。そのため、好景気の時はいざ知らず、リーマンショック後などの景気低迷期には打撃を受けやすく、淘汰されていった同業者も多くありました。

そうした中にあって、当社はおかげさまで今日まで深刻な経営危機に陥ることなく、一時期を除いて右肩上がりで業績を伸ばしつづけることができました。

これはひとえに当社を長年にわたり支えてくださったお客様のご愛顧の賜物ですが、私自身が常識にとらわれたり外聞をはばかったりせず、常に自分の判断を信じ、タイミングを逃さずに思い切った決断を重ねてきたことも大きかったのではないかと思っています。

創業時から社長を退任するまで、私は当時の常識や経営の定石から照らして〝非常識〟と思われるような経営判断をいくつか下し、実行に移してきました。

その一つが、「軽自動車の時代が来る」という判断です。

1980年代前半、人気の車種といえば「いつかはクラウン」のキャッチコピーに代表されるように高級車や大型車で、当時、軽自動車の人気は今ほど高くありませんでした。そんな状況下で私は、乗用車全般を扱う売り方から軽自動車中心の販売へと路線を大転換したのです。

価格の安い軽自動車は利幅も薄く、量を売らなければ経営が成り立ちません。周囲はこの方針転換に首を傾げ、同業者からは呆れられたものです。しかし、私の見立て通り、その後、軽自動車の人気はぐんぐんと上昇していき、その市場規模と自動車販売台数全体に占める割合も拡大していきました。当社の売上もこれに比例して増加し、その後の社業発展の契機ともなりました。

そしてもう一つの大きな判断が、「会社を儲からないようにする」という経営方針を掲げたことです。

　これを表明したのは創業12年目を迎えた昭和59（１９８４）年で、向こう5年間の経営方針を定めた時でした。そして、具体的に「儲からなく」するための〝利益を吐き出す〟施策として三つの柱を提示しました。

　これについては、軽自動車中心路線を敷いた時以上に、周囲の理解を得ることができませんでした。「利潤を追求する」という企業経営の根本原則を否定するような方針ですから、もっともな反応ではありました。

　もちろんまったく「儲からなく」なれば経営は成り立ちませんので、私としてはあくまでも会社をより成長させるための手法としてこの方針を示したのです。一つのチャレンジではありましたが、そこには勝算もありました。社員全員が大反対でしたが、それがむしろこの方針を成功に導くだろうと確信できました。

　三本柱の具体的な内容や実施に移した経緯などについては、第3章で詳しく触れますが、これらを実行しはじめた昭和59年と61年は赤字決算となったものの、4年目からは売上拡大に転じ、5年目の昭和63（１９８９）年には売上高を5億円の大台に乗せることができました。

　この「儲からないようにする」という経営方針は、そもそも当社が長年にわたって掲げてきた経営理念「顧客の創造」を母体としています。多くのお客様に当社をご利用いただき、また長く支持していただくためには、〝顧客視点に立つ〟というスタンスが不可欠です。この基本姿勢は今日まで受け継がれ、「儲からないようにする」ための施策もさまざまに形を変えて打ち出してきました。これらの理念、方針はまさに当社の発展の原動力となってくれたのです。

加えて、こうして決断したことをいつ実行に移すかというタイミングも、企業経営では重要です。その判断は、ともすると自分自身で考え抜くことなく、新聞やテレビ、現代であればネットからの情報を鵜呑《うの》みにして、安易に下してしまうことも多いのではないでしょうか。

たとえば、ある出来事で社会や経済が大きく揺さぶられる時期――オイルショックやリーマンショックなどが起きた際には、メディアからネガティブな情報が多く流されますので、過度に慎重になりすぎ、打つべき手を打ちそびれてチャンスを逃してしまうこともあると思います。

実は、私が起業しようと決断したきっかけは、昭和46（1971）年8月に起きたニクソン・ショックでした。これはご承知のように、経済の低迷に苦しんでいた当時のアメリカが危機を脱しようと発したドル防衛策で、これを契機に日本を含む各国が変動相場制に移行するという、世界経済にとって大きな転機となった出来事でした。

これにより円高が進行することは間違いなく、特に輸出拡大に動いていた国内の自動車産業は大打撃を被るとして、関連する企業の多くが事態を静観するという立場を取っていました。

しかし、私はこのニクソン・ショックが、むしろ日本経済が飛躍を遂げるきっかけになると捉えたのです。そして戦後の国内産業の牽引役である自動車産業にはより大きなチャンスが訪れるのではないかと確信しました。

こうして昭和47（1972）年10月、私は磯﨑自動車工業の創業に踏み切ったのですが、その後の日本経済の成長、国内自動車産業の発展ぶりは皆さんがご存じの通りです。振り返ってもあの時の自分の判断は間違っていなかったと考えています。

創業の翌年、昭和48（1973）年10月には第1次オイルショックに見舞われますが、これも追い風にして自動車販売業への進出を決断しています。要は、自分なりに景気の動向や世の中の行く末を大づかみに捉えて、冷静に判断できたことが今日に至る会社の成長への道筋をつけることにつながったのだと思っています。

本書は、私の生い立ちから職人時代、そして「磯﨑自動車工業」を起業して現在に至るまでを時系列に沿って著したものです。あらためて自分が歩んできた道をじっくりと辿り直してみると、そこには経営への考え方やマネジメントのあり方、営業・販売促進の進め方、成果を上げるための具体的な手法など、私なりに培ってきた会社経営のエッセンスがしっかりと刻印されています。

正規に経営学を学んできたわけではない、無手勝流で歩んできた経営者の半世紀にわたる記録ではありますが、会社経営に携わっている方、自動車販売業に従事している方、あるいはこれから起業しようと考えている方に、本書が多少なりとも参考になれば幸いです。

成長の原動力は会社を儲からないようにする　目次

第1章　港町のガキ大将、車屋を目指す

第2章 経済の混乱期にあえて独立開業

第3章　軽自動車の時代が来る！

第4章　スズキのトップディーラーへ

第5章 EV時代に躍進するための次なる針路

会長×社長対談
「何を受け継ぎ、何を新たに生み出していくか」

おわりに

第1章

港町のガキ大将、車屋を目指す

将棋に夢中になり、鉈で盤を割られる

私は昭和22（1947）年11月25日、茨城県那珂郡（現在のひたちなか市）平磯町で生まれました。

家族は遠洋漁業に携わる父・倉吉、母・きみ子、そして姉、兄、弟、妹の5人きょうだいです。私が幼い頃、一家は平磯町に隣接する那珂湊町に転居しました。

私は戸籍上は「次男」ということになっていますが、実際には長男でした。というのは、実は私と兄の幸造は双子で、出生の順番は兄より私の方が先だったのです。両親の話によれば、私の方が体が小さかったので、次男ということにしたということでした。

私が生まれた当時、わが家はそれほど生活が楽ではなかったようです。そこで私たち双子が誕生してまもなく、どちらか一人を養子に出そうということになりました。当初、次男の私に白羽の矢が立ち、平磯町の某家に引き取られたのですが、昼夜を問わずにずっと泣き通しだったため、その養家が「この子は、とてもうちでは育てられない」となり早々に元の家に帰されてしまいました。それで、私の代わりに兄が養子に出ることになったの

です。

ですから、私は那珂湊町、兄は隣の平磯町で育ちました。隣り合った町ではありますが通っていた学校も別々だったので、互いに双子のきょうだいがいることなど知らずに過ごしていました。

2歳違いの姉・邦子とはよく一緒に遊びましたが、妹の晴美は私が小学校に上がった頃に幼くして亡くなりました。私が5年生の時に生まれた11歳下の弟の正幸は、後に自動車整備士の資格を取り、磯﨑自動車工業に入社しています。そして一時期、専務として会社の成長期を支えてくれました。

遠洋漁業で海に出ていた父が漁場としていたのは、主にハワイや東南アジアです。そのため1年のうち3カ月ほどは漁に出ていて家にはいませんでした。遠出をしない時期にはサンマ漁などで近場の気仙沼などに出漁することもありました。父だけでなく父の兄や弟（私には伯父や叔父にあたります）をはじめ、うちの親戚の多くが漁業関係の仕事に携わっていました。

父はかなり気の短い人で、そのうえ言い出したら周りが何を言っても聞かない頑固な面もありました。私もその父の気質を受け継いでいるのか、父とはそりが合わず、普段から父のそばにはあまり近寄らないようにしていたものです。

幼い頃の私は外で友だちと一緒に遊ぶのも好きでしたが、家の中で将棋を指すのも好きでした。将棋の相手はもっぱら姉で、飽きずに毎日のように指していた時期もあります。ある時、父がずっと将棋ばかり指している私を見かねて怒り出し「こんなことばかりしておって……」と、なんと鉈を持ち出してきて将棋盤を真っ二つに割ってしまったことがありました。

大事な将棋盤を壊された驚きよりも悔しさで胸がいっぱいになりました。こんなひどいことをされて私も黙っているわけにはいかないと、新しく買ったばかりの父の桐の下駄を同じように鉈で真っ二つにしてやりました。それを見た父は「買ったばかりの下駄を鉈で割るとは何事か」と激怒しました。最初に手を出したのは父のくせに、と思いながらも捕まったらどんな目に遭わされるかわかりませんので、捕まらないよう命からがら電柱の上に逃げたことを覚えています。

こんな調子で、ことあるごとに父親とは衝突し、そのたびに私は逃げ回っていました。ある時は母に「しばらく家出する」と手紙を書き、実際には家から出ず、半日ほど縁の下に隠れていたこともありました。

ただ、そりの合わない怖い父親でしたが、漁師としての腕前には尊敬の念を抱いていました。レーダーの性能が今ほどよくなかった時代に、持ち前の勘を働かせて誰よりも早く魚群の位置を探り当てる手腕は仲間内でも一目置かれていました。また、全国にいる漁師仲間を通じて漁場の情報をいち早くキャッチする情報収集力にも秀でていたのです。

一方、母はというと、たくましくて馬力があり、そのうえ細かいところまで気がまわる働き者でしたが、これまた父に負けず劣らず気が強く、やはり思い込むとテコでも動かない気丈さも持ち合わせていました。私たち子どもにとっては何かと小うるさい母親という感じでした。

父も母も気が強く、そしてプライドが高いので、夫婦でぶつかり合うことも頻繁にありました。しかし、根本のところでは考え方が似ていて相性もよく、きっと互いに心の中ではいい連れ合いだと感じていたのではないかと思います。父は77歳で亡くなりましたが、母は4年前に92歳で天寿を全うしました。

小学校時代からアルバイトに精を出す

子どもの頃の私は、いわゆるガキ大将でした。近所の子どもたちを大勢従え、近くの神社で日が暮れるまで遊んだものです。

子ども時代のことですけれど、今につながるマネジメントの基本はこの頃に身に付いたように思います。日頃から一人ひとりに誠意をもって接していれば、厳しいことを言っても人はついてきてくれるということを子どもながらに感じていました。そんなことを日々の遊びの中で体得していったのでしょう。

私は小学生の時からすでにアルバイトもしていました。新聞配達や豆腐売り、納豆売りなど、さまざまなアルバイトを経験してきました。どの仕事も一生懸命、誠心誠意やっていましたが、やはり子どもですからラッパを「プップ〜」と吹きながら豆腐を売り歩くのは少し恥ずかしかったです。

映画が好きだったので、映画館の「看板引き」のアルバイトもしました。看板引きというのはリヤカーに新作映画の看板を積んで街中を回り、古い看板と替えていく仕事です。アルバイトをしていたのは地元にあった大漁館《だいりょうかん》という映画館でした。顔なじみになった入場券売り場のおばちゃんが私の姿を見ると「入りな」と声をかけてくれたので、私は入場料を払わずに好きな映画を見ることができました。「アラカン（嵐寛寿郎）」などのチャンバラ映画全盛の時代です。他にもいろいろな映画がかかりましたが、子どものお目当ては、やはり活劇でした。

その頃のわが家はそれほど貧しかったわけでもなく、アルバイトなどする必要はなかったのですが、私は純粋に働きたくて自発的にやっていました。働くこと、仕事をするということに興味があったのです。小学校の担任の先生からは、

「磯﨑、何でアルバイトなんかしているんだ？　君んところは働く必要なんてないだろう」

と咎《とが》められましたが、

「先生、働くっていけないことなの？」

と平然と反論していました。今の時代なら小学生がアルバイトをしていたら大問題になるところですが、当時は家庭の事情で働かざるを得ない子どもが多くいたので、その後もやめることなく続けられました。

アルバイト代が入ると家族にプレゼントを買って帰ることもあり、買ったものを手渡す時に母や弟が喜ぶ顔を見るのが楽しみでもありました。母には封切り映画のチケットをプレゼントしたのを覚えています。

外でアルバイトをする傍ら、家では母の手伝いもしました。よくやったのは「南蛮むしり」と「箱打ち」です。「南蛮むしり」の南蛮とは南蛮辛子、つまり唐辛子のことです。南蛮の実がついている枝を自転車の荷台に積んで家に持ち帰り、枝から実の部分をむしり取っていくのです。何しろ唐辛子ですから、作業をした手でうっかり目などに触れようも

のなら激痛にのたうち回ることになるので、作業には細心の注意が必要でした。「箱打ち」の方は水揚げされたサンマなどを入れる木箱を作る作業で、箱の角にあたる部分に釘を打っていきます。こちらは家業の手伝いで、１時間10円程度のお駄賃をもらっていたと記憶しています。

小学校の行事で双子の兄と再会

先ほど触れた双子の兄についてですが、ある時、近隣の複数の学校が参加する行事があり、平磯町の小学生とも交流することになりました。その行事に隣町の私の兄も参加していたのです。すると、クラスの女の子たちが「孝君にそっくりな子がいる」と言い出し、ちょっとした騒ぎになりました。

見に行くと、なるほど確かによく似ているなと感じましたが、まさか双子の兄とは思いも寄りません。ただ、これがきっかけで、その後、兄とは友だちとしてだんだん親しくなっていったのです。やがて兄はわが家にも遊びに来るようになりました。

そうこうするうちに、たまたま家で戸籍謄本を目にすることがあり、友だちだと思って

いた子が実は養子に出された双子の兄だということを知りました。そこで兄に、

「俺たち、本当は双子の兄弟みたいだよ」

と、その事実を告げたのですが、兄は、

「嘘つけ。そんなこと信じないぞ」

と取り合おうとしませんでした。

その後、中学2年生の時、そろそろ兄に真実を伝えておくべきだと考えたうちの両親が、兄と私が双子の兄弟であること、生後間もなく兄を養子に出したことを話しました。兄はかなりショックを受けたようで、それから1年ほどはわが家に遊びに来なくなりました。

それでもしばらくすると兄は再び家に顔を見せるようになり、その後は肉親として交流を深めていきました。遊びに来なかった時期に、自らの出生について自分なりに納得したのかもしれません。兄は次第に父の仕事にも興味を持つようになり、最終的に父の跡を継ぐ形で漁船に乗るようになったのです。

兄が家業を継いだのに対して、私の方は父との不仲もあり、早くから漁業には就かないと決めていました。また、漁業の将来性についても危惧を感じていたので、小学生ながら生意気にも父親の仕事について一人前に意見することもあったのです。

「これからの時代は物価がどんどん上がって勤め人の給料も上がっていくのに、このまま

漁師なんかしていたら取り残されるよ。漁師なんか早くやめて、会社勤めでもしてその会社の役員を目指した方がいいよ」

「何を言ってる。今さらそんなものになれるわけがないだろう。義理やしがらみもあるし、この仕事はやめられない」

などと、言い合いになることもしばしばでした。

ただ、その後の社会情勢を見ていますと、私が感じていた通り時代は変わり、漁業で身を立てるのは厳しくなっていきました。私と同様に将来を憂慮した兄は思い切って廃業し、鹿島埠頭という港湾物流サービスを行っている会社に入社しました。そこで鹿島港や茨城港に大型船が入港する際にサポートする曳船（タグボート）に乗務し、後にはその機関長も務めました。

兄とは一時期、一緒に暮らしたこともありますが、一度として喧嘩をしたことはありません。双子の兄弟でありながら異なる境遇の下、離れ離れに暮らす時期が長く、成人してからは仕事も別々という関係だったため、相手の立場を慮《おもんぱか》り、互いを思いやる気持ちがより強くなっていったのだと思います。

令和3（2021）年8月、兄は突然の病に倒れ、残念ながら帰らぬ人となりました。私と同い年ですからまだまだ元気でいてくれると思っていただけに、何ともやりきれなく、気持ちのやり場がありません。今も寂しい気持ちでいっぱいです。

「車屋」を目指し自動車の専門学校へ

中学に進むと、私は陸上競技に熱中しました。小学生の頃から部活は陸上競技部でしたが、進学した那珂湊の中学校が県内では陸上競技の強豪校として知られていたこともあって、本腰を入れてやろうという気持ちになったのです。

私が力を入れて取り組んだのはマラソンです。部活だけでは飽き足らず、水戸市の千波湖一周マラソンなど、県内のあちこちの市町村で開催されるマラソン大会に参加していました。

中学校の卒業時期が近づいてくると、私も自分自身の将来について考えるようになりました。実は、以前から漠然と3通りの進路を思い描いていました。このうちのいずれかの道に進みたいと思っていたのです。

一つは、漫才師。漫才や落語などのお笑いの世界に興味があったからです。好きな漫才師や落語家はいろいろいましたが、何といっても喜劇俳優として活躍した渥美清の芸風が好きでした。今も時折、ＤＶＤなどで『男はつらいよ』を観ています。

実は、私はニュース解説者やプロ野球選手、相撲取りなど有名人の声帯模写やものまねが得意で、周囲の者をよく笑わしていました。近くの老人施設などを慰問してものまねを披露することもありました。一度に5人くらいの人をまねるのですが、大きな笑いを取れた時は、こちらも達成感がありました。ですから、将来的にはお笑いを仕事にできたらいいなとひそかに考えていたのです。

二つめは、板前。特に寿司職人です。寿司屋に連れて行ってもらった時に、職人さんたちが客にかける威勢のよい声、気風《きっぷ》のよさ、ネタを握る時のてきぱきとした身のこなしにすっかり魅了され、憧れるようになりました。

そして三つめが「車屋」です。

私の小・中学時代というのはまだまだ戦後の復興期にあたっていて、私が生まれた2年後の昭和24（1949）年にＧＨＱ（連合国軍最高司令官総司令部）による乗用車の生産制限がやっと解除され、日本の自動車産業も復興への一歩をようやく踏み出したところでした。

ですから、一般の乗用車などは少なく、街中で目にするのは運送会社のトラックばかりでした。乗用車はというと当時は輸入車が主力で、日本製の乗用車はタクシーくらいでした。それでも、いや、それだからこそ私の車に対する興味は、いよいよかき立てられ、小学生の頃から機会があれば、頼み込んでは車の助手席に乗せてもらったものです。

これは後になって知ったのですが、当初は苦しい経営を強いられていた国内の自動車メーカーも昭和30（1955）年に通産省（現・経済産業省）が「最高時速100キロ以上、排気量350〜500cc、3〜4人乗り、最終価格は25万円を目指す」という「国民車構想」を打ち出してからは、徐々に勢いづいていきました。同年にはトヨタ自動車工業（現・トヨタ自動車）から発売された純国産乗用車第1号の初代クラウン（トヨペット・クラウン）は6人乗り、1500ccで、価格は101万4860円だったのです。当時の大学卒の初任給が1万〜1万2000円だったことを考えると庶民には高嶺《たかね》の花。トヨタの対応はかなり強気だったといえます。

昭和33（1958）年には、富士重工業（現・SUBARU〈スバル〉）が当時の国産技術の粋を集めたスバル360を発売し、爆発的な人気を獲得することとなります。「てんとう虫」の愛称を持つ大衆向け軽自動車です。そして、昭和34（1959）年、日産自動車から耐久性が高い排気量1000ccのブルーバード（ダットサン310型）が発売され、日本初の本格的な国産乗用車として人気を集めました。日本のマイカー時代は、ここから始まったといえるでしょう。

高度成長期に加速するモータリゼーションへの動きを肌で感じ、私も「これからの時代は自動車だ」との思いが強くなっていきました。そうした自動車業界の動きなどを背景として、私の中では自動車への関心がさらに膨らんでいき、最終的に「車屋」を将来の仕事にしようと決断するに至ったのです。

そうした思いから、中学卒業後は普通高校ではなく、自動車の板金塗装を学べる県内の専門学校に進むことを決めました。この学校は2年制でしたが、私としては仕事をするうえで必要なことを早く身に付けて、とにかく社会に出たいと思っていたのです。私が普通高校ではなく専門学校に進学をすることについて、両親は大賛成というわけではなかったですが、特に反対もしませんでした。

ちなみに私が学ぶことになった板金塗装は、事故や経年劣化で傷んだ車の修理に欠かせない技術で、「板金」と「塗装」の二つの工程に分かれています。「板金」というのは金属を板状に薄く延ばしたり金属板を切ったりして加工することで、車のボディの傷や凹んだ部分を叩いたり引っ張ったり削ったりして元の形に修復します。「塗装」は必要な塗料を調合して修理した部分や交換前の部品に塗ることです。車を修理する際には塗装をはがしてから行うことが多く、仕上げの段階で塗装が必要になるので、これら二つの作業を合わせて「板金塗装」と呼びます。

実際に入学して板金塗装について教わっていくと、どうも学校で習得できる知識や技術はごく初歩的なことに限られるのではないかという気がしてきました。これならば自分の腕を磨くには、やはり早く社会に出て経験を積むしかないと思い知ることになったのです。

では、専門学校を卒業したらどこに就職するか――。私は専門学校に入学した時点で東京に出ようと決めていました。地元に留まっていては低いレベルの技能しか習得できない。最先端の板金技術、塗装技術を身に付けるなら、やはり東京に出るしかないだろうとの思いだったのです。

そして、その希望通り、卒業後は東京で就職することになりました。

仕事の傍らボクシングに熱中

最初に就職したのは、東京の新宿と練馬に事業所のある日産系の自動車修理会社でした。社員は40人ほどでした。私は練馬の工場に勤務することになり、その近くにある会社の寮に入りました。寮の仲間は私と同じく地方出身者が大半です。

入社してしばらくの間は、使い走りのような仕事ばかりでしたが、だんだんと板金や塗装の作業をさせてもらえるようになります。といっても手取り足取り丁寧に指導してくれるわけではありません。作業の基本を教わった後は先輩たちの作業を見ながら自力で覚えていくしかないのです。まさに芸ごとと同じように、技術は盗んで覚えろ、ということでしょう。

たとえば板金なら、車体の凹んだ箇所をどのように叩いたら元の形状に戻るのか、試行錯誤しながら体で覚えていくしかありません。また塗装の「色合わせ」は、どの色の塗料をどのくらいの割合で混ぜたら車体の色を再現できるかを瞬時に判断しなければならないのです。この色合わせは学校で習った手順通りにやっても失敗することが多く、これも経験を重ねて身に付けていく必要がありました。先輩の技を盗むようにして、必要な技術を一つひとつ習得していきました。徐々に仕事に慣れていきながら、少しずつ技術も上達していく。一足飛びに高度なスキルが身に付くわけではなく、地道に努力するしかありませんでした。

仕事はハードな面もありましたが、残業や休日出勤はそれほど多くなく、夜間や休みの日は比較的自由に過ごすことができました。寮の仲間たちと夜の街に繰り出し、居酒屋でハイボールを飲んだりして、それはそれで楽しい時間ではありました。しかし一方では、今しかない青春時代をこうやって過ごしていてもいいのだろうかという迷いのようなものもあったのです。

そのようなもやもやした気持ちが手伝ったからでしょうか、上京して2年が過ぎた頃、一念発起してボクシングに本格的に取り組むことにしました。練馬から二つのバスを乗り継いで、荻窪にあったジムに通うようになったのです。

その当時はファイティング原田が〝黄金のバンタム〟の異名を持つブラジルのエデル・ジョフレに勝利し、バンタム級世界王者に輝いた頃で、これに触発されてジムには足繁く通いました。

熱中して練習するあまり顔に青あざをつくることも多く、毎朝パンを買いに立ち寄る店で顔なじみになったおばちゃんが「どうしたの。喧嘩でもしたの？　あまり手荒なことはしない方がいいよ」などと気遣ってくれたこともありました。

練習には私なりに本気で打ち込んでいたのです。その結果、プロのライセンスを取得するまでになり、公式戦にも3試合ほど出場しました。ジムとしてはそのままプロ入りしてほしいと考えていたようですが、自分としては仕事を辞めてボクシングに専念しようとまでは思っていませんでした。ボクシングでてっぺんを目指す者と私のように体力や身体づくりのためにボクシングをやっている者とでは、初めから覚悟が違います。そのことは、20歳前後と若かった私でも十分に理解していました。しかし、一時期本気でボクシングに打ち込んだことで、体力はもちろん、集中力や達成感など精神的にもさまざまなメリットがありました。

かなり後のことになりますが、25歳から30歳くらいまではアマチュアの自転車競技などにも熱中しましたから、元来スポーツは好きだったのでしょう。自転車競技では茨城県の強化部長なども務め、後進の指導にも携わっていました。ストップウオッチを持って国体などアマチュアの大会を回ったりしたものです。こうしたスポーツで培った瞬発力や判断力、チャレンジ精神は仕事にも役立っていると思います。

上京6年目に帰郷を決意

さて、東京暮らしに慣れ、生活も安定してきた頃、私は初めて自家用車を購入しました。それは、先ほども触れましたが、軽自動車ながら世界レベルに達した最初の乗用車として評判を呼んだ富士重工のスバル360です。

スバル360は、全長3メートル以下という当時の軽自動車の制約下で、初めて4人乗りを実現した車です。その割に内部はスペースユーティリティに富み、広々として快適でした。排気量はその名の通りわずか360ccでしたが、走りも軽快で時速90キロものスピ

往年の名車「スバル360」

ードを出すことができました。

　この車は、日本の軽自動車の発展を方向づける画期的なモデルと評価が高く、私個人としても、ぜひ手に入れたいとずっと思っていました。しかし、発売当時の価格は42万5000円と、当時の物価水準から考えるとかなり高価で、とても庶民には手が届かないものでした。

　ところが、このスバル360の中古を何と5000円で購入できるチャンスが巡ってきたのです。価格相応に車体にはかなり傷みがありましたが、そこは自分の専門分野なので、念入りに時間をかけて塗装に励みました。ようやく満足できる状態に仕上がり、東京時代の愛車になりました。

　その後、この車は手放しましたが、茨城

に戻ってから再びスバル360を購入し、しばらくの間、自家用車にしていました。

その頃は寮を出てアパート暮らしをしていて、その住まいには愛車とともに愛犬もいました。当時はアパートでも犬を飼うことができたのです。犬の名前はボブ。雑種で足は短いのですが愛嬌があり、東京暮らしの寂しさを癒してくれました。14歳まで元気に生きた長寿犬で、茨城に戻る時にも一緒でした。

実は、東京での私の勤め先はいくつか替わっています。最初に就職した会社は3年ほどで退職し、その後は同業の修理工場数社を渡り歩きました。職人仕事なので、当時は腕に自信がつくと条件のいい他の職場に移るというのが一般的でした。職場を移るとそれまでとは違った技術も学べるので、職人にとっては職場を替わることは大切なことでした。日産系の次はトヨタ系といった具合に、さまざまな会社でさまざまな経験を積んだものです。

私は板金と塗装をやっていましたが、どちらかというと塗装の方に自信を持っていました。作業の現場では「色合わせ」を瞬時にできないと仕事が回っていかないのですが、私は幸いにも車体の色を見て、その場ですぐにその色を再現できるセンスに恵まれていたようです。

こうして勤め先を替えながら腕も磨いていったのですが、上京して6年ほど経った頃、そろそろ茨城に戻ろうかという気持ちになりました。

やはり東京の空気になじめなかったのでしょう。東京には故郷の茨城とは異なり、どこか殺伐とした雰囲気があると感じていました。昭和45（1970）年、帰郷することを決意します。

私は23歳になっていました。

第2章

経済の混乱期にあえて独立開業

ニクソン・ショックをチャンスと捉える

昭和45（1970）年11月、6年ぶりに茨城に戻った私は、那珂湊市（現・ひたちなか市）の開門橋近くにある飯島自動車整備工場に就職しました。飯島自動車は老舗自動車修理工場で、東京にいた時と同様、板金塗装工として働きました。地元での新しい生活が始まったのです。

しかし、実は、私は帰郷した時から、この先もずっと雇われ職人を続けていこうとは思っていませんでした。心の中では「いずれは独立して自分の工場を持つ」と決めていたのです。いつどんなタイミングで独立を果たすか、ずっと思案を重ねていました。

昭和46（1971）年8月、ニクソン・ショックが世界に衝撃を与え、日本経済も転機に立つことになります。私が地元で働き始めて2年目のことでした。

アメリカは、昭和40（1965）年の本格的なベトナム戦争介入により財政赤字とインフレで国際収支の赤字が拡大し、経済の低迷に苦しんでいました。時の大統領ニクソンは、ドルと金の交換の一時停止、10％の輸入課徴金の実施、90日間の賃金・物価の凍結等を含む厳しいドル防衛策を発表し、日本や西ドイツなどに為替レートの大幅な切り上げを要求したのです。東証ダウ（ダウ式平均株価）は記録的に大暴落し、東京外国為替市場にドル売り円買いが殺到しました。これにより、これまで22年4カ月続いてきた「1ドル＝360円」という固定相場制は崩れ、日本を含む各国は変動相場制に移行することとなります。

このニクソン・ショックで、日本の製造業にも激震が走りました。変動相場制への移行によって、円高が進行することは必至で、そうなると海外に物を売って収益を得ている輸出産業は大打撃を被ります。中でもようやく成長に向けた軌道に乗り、さらなる輸出拡大を目指していた自動車メーカーへの影響は、特に深刻と受け止められていました。

この時、私も世論と同様に今後の日本は円高が進み、経済・産業は一時的に混乱するだろうと予想していました。

しかし、頭の片隅ではまた違った思いも抱いていました。この円高傾向は、捉え方によっては今の私にとってチャンスとなるのではないか。いわば勘のようなものですが、この状況をうまく生かす手もあるのではないかということです。

というのは、円が高くなるということは、ドルに対して円の価値が上がるということです。このことは、日本の産業の成長を後押しすることにつながるのではないか――そんな考えが頭をよぎったのです。日本経済は短期的には大きなダメージを受けるかもしれせんが、むしろそこに別のチャンスが生まれるはずだという期待感が私の中で膨らんでいきました。

ほとんどの人はこれをピンチと考え、情勢を静観する方向へと動いています。ただ、そうはいっても上向きはじめた経済・産業の流れは止められないのではないか。高度成長を支える自動車への需要も減るはずはない。そんな考えが頭をもたげ、「独立するなら今だ、今しかない」という思いに至りました。

私は自分の工場を持つ決心をしました。

念願の板金塗装会社を開業

開業するにあたって、先立つものは資金です。当時、私の貯金は50万円ほどでした。大卒の初任給が3万～4万円の時代ですから、それなりのまとまった額ではありましたが、工場を建てるには足りず、さらにそのための敷地も確保する必要があり、手持ち資金だけでは、とうてい賄いきれません。

結局、土地の購入代金は父に工面してもらい、現在も本社があるひたちなか市柳沢に土地を確保することができたのです。

当初、父は私の独立開業には反対でした。帰郷して早々、自分で商売を始めたいと父に話しましたが、その時点では「30歳になるまで待て」と言われていたのです。まだ若くて経験も少ないのだから、もう5～6年は会社勤めを続けて場数を踏んだ方がいいという考えだったのでしょう。

しかし、父に似て私も頑固です。言い出したら最後、簡単には引き下がりません。何度も話し合った結果、父も最終的には認めてくれ、金銭面でも援助してくれることになりました。

このようないきさつでしたので、父からの借金900万円は何があってもきちんと返していこうと決めていました。返済額は月々3万円でしたが、開業してしばらくは苦しい時期があったのは事実です。見かねた父も途中で「もういいよ」と言ってくれたこともありました。しかし、私は開業から25年にわたって滞ることなく返済を続けました。

さて、土地を入手した後、次に取り掛かったのは井戸掘りです。

茨城県は昔から水道の普及率が低く、昭和45（1970）年時点で全国の水道普及率が80パーセントだったのに対し、茨城県は50パーセントほどでした。現在は県全体で80パーセントを超えていますが、それでも、まだ50パーセントの普及にとどまっている地域があ

創業当時の本社

るほどです。そのために日常的に井戸を使う習慣が現在でも残っているのです。

ですから、当時は家やビルを新築する際には必ずといっていいほど井戸を掘る必要に迫られたものです。購入した土地は高台でしたので、17メートル程度は掘る必要があるだろうとのことで、12万〜13万円程度の費用を見込んでいました。

ところが、17メートル掘っても水が出ません。一般的な掘り抜き井戸では駄目だということで、パイプを直接地面に打ち込む突き井戸工法で掘り直すことになり、費用は最終的に25万円に膨れ上がってしまいました。手持ち資金50万円の半分が井戸掘りに費やされてしまい、残りもいろいろな経費で消えることになり、ついに資金は底を突いてしまったのです。

創業の頃、本社前で愛犬ボブと（中央が著者）

どうしたらいいのか——。工場を建てるには、やはり金融機関から融資を受けるしかないだろうという結論に達しました。そこで地元の地銀・関東つくば銀行（現・筑波銀行）に相談に行き、土地を担保にして400万円借り入れ、小さいながらも最初の工場兼本社を建てることができました。開業からしばらくは職住一体で自宅も兼ねていました。

こうして昭和47（1972）年10月、磯崎自動車工業を創業しました。念願の板金・整備会社として業務を開始したのです。この時点ではまだ法人ではなく、個人事業としてのスタートでした。

設立時のスタッフは私と板金担当の技術者の2人だけでしたが、開業してしばらく経った頃、私のいとこが運転手を兼ねて仕事を手伝うと申し出てくれました。

当たり前のことですが、ゼロからのスタートでしたから開業直後はほとんど受注がなく、父からの紹介などで何とかしのいでいました。「仕事、入らないかな」と、ぼんやり工場を眺めることも少なくなかったのですが、やがてぽつぽつと依頼が入るようになり、思ったよりも早く仕事が回るようになってきました。後になって考えると、まずまず順調な滑り出しだったといえると思います。

独立直後にオイルショックの洗礼

事業が軌道に乗りつつあった2年目の昭和48（1973）年10月、イスラエルとアラブ諸国との間で第4次中東戦争が勃発し、OPEC（石油輸出国機構）を構成するアラブ諸国は戦争を有利に展開するために原油の供給制限に踏み切りました。第1次オイルショックです。

石油不足がインフレを引き起こし、日本経済は戦後初めてマイナス成長に陥ります。通産省（現・経済産業省）は、電力・石油・化学・鉄鋼などの基幹産業界を行政指導し、石油エネルギーの節減を図りました。一般消費者にもマイカーの自粛、企業にはレジャー輸送の抑制や給油所の休業など石油消費の節減を求めました。

夜の街からネオンが消え、スーパーマーケットにはトイレットペーパーや洗剤などを買いだめするために人々が長蛇の列をつくりました。今でも過去を振り返るテレビ番組でスーパーのトイレットペーパーの棚が空になっている映像が流れることがありますが、市民生活への打撃はそれだけ大きかったのです。

石油ショックは、私たち板金塗装業にも深刻な影響をもたらしました。1缶1200～1300円程度だったシンナーの価格が4500～5000円と跳ね上がり、1万6000円に設定していたトラック1台分の塗装料を2万円以上に引き上げざるを得ませんでした。お客様と塗装料の折り合いがつかず、泣く泣く仕事を断ることもありました。

もともと利益率がそれほど高くない商売ですから、このオイルショックはかなり堪《こた》えました。このまま修理業務だけを続けていてもジリ貧になるだけではないか、もっと利益を確保できる事業に鞍替えした方がいいのではないかと悩みました。

会社の行く末を考えいろいろな可能性を検討していくと、自動車関連であれば販売業に乗り出すという選択肢も考えられました。しかし私としては「つなぎ（作業着）は脱ぐまい」、つまり販売だけはやるまいとの思いもあったのです。というのは、以前の勤め先で修理の傍ら販売業を営んでいた会社があり、そこが資金繰りで苦しんでいる様子を日々目の当たりにしていたからです。

当時の自動車販売では、代金を引き渡し時ではなく後日支払う「売り掛け」が一般的だったので、回収に四苦八苦するケースが多かったのです。その場の現金払いで車を購入してくれるユーザーはめったにありません。当時はローンもありませんでした。全額支払ってもらうまで何年もかかったり、最終的にその代金が焦げついてしまったりすることもありました。

他方、修理については、儲けが薄くても現金払いが基本でしたので、取りっぱぐれがなく安心でした。うちの会社はとにかく板金塗装には自信もあり、仕事の依頼も途切れずにあったのです。

しかし、オイルショック下で苦しい経営を強いられるようになるとそうも言っていられません。このまま修理業を続けていても大きな成長が見込めないのではないかと、修理業からの脱却を真剣に考えざるを得なくなりました。

会社を立ち上げた時、私は「5年以内に板金塗装業で県内一番になる」という目標を掲げていました。2年目を迎えて、それなりに目標に近づきつつあるという実感を得ていましたが、この時すでに限界を感じ始めていたのです。

「つなぎ」を脱ぎ、自動車販売業に乗り出す

私が自動車販売業をスタートさせようと考えるようになった背景にはもう一つ、経済の先行きへの期待感がありました。まだまだニクソン・ショックによる円高が進んでいます。そして今度はオイルショックが起きました。そのことで日本経済が大きく揺さぶられ、人々は先行きの不安にかられ、立ち止まっていたのです。誰もが動けずにいる時にこそ、そこに新たなチャンスが生まれるのではないかという予感がしていました。

人々だけでなく、企業もまた景気減速への恐れから新たなチャレンジに及び腰になっていました。しかし、私はむしろこの機を逃さず、先んじて新しいビジネスに乗り出すのが得策だと確信しました。販売に乗り出そうなんて考える修理工場は、うち以外にはなかったと思いますが、販売するためには修理が不可欠なのです。やるなら今しかない、と私は「つなぎ」を脱ぐ決断をしました。

昭和49（1974）年8月、資金的な余裕はありませんでしたが、何とか50万円を捻出して15万円前後の中古車を2台仕入れ、いよいよ販売事業をスタートさせました。周囲か

らは「車屋、いい身分だな。親が金持ちだと何でもできて……」などと陰口を叩かれることもありました。それでも当時は、そんな言葉も気にならないほど必死だったのです。

車は当初、地元のディーラーから仕入れていました。主にトヨタカローラ店で、新車を売る際に下取りした車をうちが買い取る形です。当時も各ディーラーには中古車販売部門がありましたが、新車の販売がメインでしたので、どこもあまり力を入れていませんでした。ディーラーに直接出向いて見せてもらうと、下取りした時のまま塗装が剥げたり、色ボケしたりした中古車が大量に置かれていました。

その後、新車の販売が頭打ちになると、ディーラーも中古車販売に力を入れるようになるのですが、当時は私のような中古車販売業者が直接、ディーラーを訪問して交渉すると、安く譲ってもらうことができました。

もちろん中古ですから、大半は経年劣化などで塗装が剥げたり、褪色して色ボケしたりしている車でした。しかし私の場合、塗装を専門にやっていたので、塗り直すなど手を加えれば売り物になるか、あるいは再塗装しても商品にならないか、「肌」(車体の塗装状態をそう表現します)を一目見れば判断できました。修繕しやすい、つまりは売りやすい車を選んで仕入れることができたので、他店に比べてずっと有利だったと思います。

仕入れた車はピカピカにお色直しをして、工場の中に設けた展示スペースに並べて売ることにしました。

最初の頃は3台から5台くらいを並べるのがやっとで、チラシなどの裏面にマジックで大きく「29万8000円」などと値段を書いて車に貼りつけておく程度の売り方でした。販売価格はできるだけ安く抑えようということで、どの車も30万円を少し切るくらいに設定しました。

私のところでは、自前できれいに塗装を施せるのが大きな強みとなり、初めから順調に売れていったのです。店頭に展示してある車を見た人が「これ、いいじゃん」とその場で買ってくれることもありました。

「ベレG」の愛称で親しまれたいすゞ自動車のベレットGTなどは、店頭に並べてこれから値札をつけようという段階で売れてしまいました。日産自動車のフェアレディZに至っては7~8人のお客様で取り合いになったりしたほどです。

8月に販売事業を始めてから12月末までの5カ月で、合計25台の中古車を販売することができました。この仕事に確かな手ごたえを感じた私は、翌年には年間の販売目標台数を70台に設定しました。結果として実績は68台でしたから、何と達成率は97パーセントでした。さらに、その翌年には目標を120台と決め、結果は115台を売り切り、この年も対目標比96パーセントを達成することができたのです。

オイルショックによるダメージは懸念されたほどではなく、日本経済は再び成長基調に戻り、一時減産を余儀なくされた自動車メーカー各社も程なく増産に転じます。予想していた通り、販売事業は成長の波に乗ることができた形です。販売業を敬遠していましたが、落語やお笑いが好きで人前で披露していた私は、元来、営業という仕事が性に合っていたようです。会社の業績は、その後しばらく右肩上がりで順調に伸びていきました。

急成長の要因はオークションとマル専手形対策

販売事業に進出して以降、売上を伸ばしつづけることができた要因としては、安定した仕入れルートを確保できたことが挙げられます。

先に書いたように、初めのうちはディーラーから直接仕入れていましたが、コンスタントに大量の車を仕入れるには、新しいルートを開拓する必要があると感じていました。

そうした中、数年前に設立されたばかりの一般社団法人日本中古自動車販売協会連合会（略称：ＪＵ）の存在を知りました。ＪＵは、中古市場で適正価格、流通整備を目的とするオートオークションを主催しています。オートオークションとは事業者間で中古車を売買する会員制の競り市場で、茨城県にはＪＵ茨城という組織があり、定期的にオークションを開催していました。

ここなら安定的に中古車を仕入れることができると判断し、昭和50（１９７５）年4月、ＪＵ茨城に加盟しました。しかし、ＪＵも当時は組織が立ち上がったばかりで、まだ十分に機能しているとはいえない状況でした。それで、私は自社の仕入れ業務だけでなく他の加盟店と連携して地域の中古市場の確立にも取り組むことにしました。

ボランティア的な立ち位置での活動となりましたが、当社の仕入れ業務にプラスになっただけでなく、茨城の中古市場の発展にも多少は貢献できたのではないかと思っています。

さて、会社が成長できた理由はもう一つあります。それは「マル専手形」の現金化です。マル専手形とは正式には専門約束手形といい、約束手形のみを決済する当座預金口座の開設を認めたうえで利用者に交付するもので、「専」という字をマルで囲んだマークが入っているため、こう呼ばれています。

当時、自動車を購入する際の決済方法では、このマル専手形が一般的でした。これは車を買いたいけれど、すぐには代金を払えないというお客様を販売業者が提携している金融機関に取り次ぎ、専用口座をつくって手形の交付を受けるというものです。

ただし、手形には販売業者が支払いを確約するという裏書きをしなければならず、期日に支払えなければ「遡求権の行使」といって、販売業者が代金支払いの責を負うことになるのです。

そのため、手形を割って早く現金化したいと思っても、私のように独立して数年の個人事業主の場合、信用力が不足していると判断されて、銀行では割ってくれなかったのです。

中古車販売は、常に仕入れのための現金が必要で、手形の支払期日まで待っていてはとても仕事が回りません。これは競合する他の業者も同じで、銀行が手形の現金化に応じる大手のディーラーを除くと、中小であればどの業者も運転資金の確保に四苦八苦していました。

そこで、貸金業を営んでいたある友人に、「なんとか手形を割れないか」と相談してみました。すると、1割2分で割ってくれるという話になりました。

「1割2分ならこっちもおいしいんだよ。ただし、万一の時は遡求権を行使させてもらうけど、いいね？」と念押しされました。つまり銀行と同様に支払いがない時には私がそれを肩代わりすることになります。私は、「いいよ。最終的なリスクは俺が負うよ」と答え、交渉は成立しました。

私としても1割2分程度の割引料で割ってもらえるなら御の字です。手形の支払期日が半年先というケースも少なくないのですから、すぐに現金化できるのは本当にありがたかったのです。

〝戦闘態勢〟で臨んだ夜討ちの代金回収

とはいえ、マル専手形の支払期日に代金を払ってもらえなければ元も子もありません。大半のお客様は期日に支払ってくれるのですが、中には入金が滞り、いくら催促しても払ってもらえないこともありました。当時は何よりこれが頭痛の種でした。

期日に入金がないと、まずは相手に連絡を取って支払いをお願いします。再度約束した日にも入金がなければ催促を繰り返しますが、それでも支払ってもらえない場合は、直接会って回収することになります。日中はつかまらない方がほとんどでしたので、夜の10時、11時という時間に相手の自宅に出向きました。当時は貸金業法など取り立ての時間帯を規制する法律はまだありませんでしたが、夜間の面会は相手の方とトラブルになる可能性も高かったので気が重かったです。何とかご本人に会えて支払いの催促ができても、

「こんな時間に取り立てに来るとはなんだ。冗談じゃねえよ」

と開き直られたり、

「まともに走らない、とんでもない車を売りやがって。こんな車に金は払えねえぞ」

などと売った車に難癖をつけられたりすることが多く、すんなりと回収できるわけではありませんでした。

中には飲酒をしてからんでくる方もいて、そんな場合には暴力沙汰になることも考えられましたので、できるだけ動きやすい服を着るなど〝戦闘態勢〟を整えて訪問することが多かったです。半ば命がけで回収に出向いていたわけですが、幸い暴力事件に発展することはありませんでした。

あわや暴行を受けそうな成り行きになった際には、

「法的な手段に訴えますよ」

と言うと、たいていの場合、相手はおとなしくなりました。

重ねて催促しても相手に支払う意思が感じられない時は、内容証明を送ります。それも効かなければ、いよいよ訴訟に踏み切ることになります。実際に裁判で争ったケースも何件かあったのですが、残念ながらほとんど回収には至りませんでした。

しかし、こうした不払いに遭遇するのは、年間150〜160台販売するうちのせいぜい2〜3件程度でしたので、回収できなくても経営の屋台骨を揺るがすようなダメージとはならなかったです。

全体としてみれば、同業者が資金繰りで苦しんでいる中、マル専手形によって仕入れを有利に進める仕組みが出来上がり、売り買いのサイクルが早く回るようになったことで、その後の販売台数の拡大へとつなげていくことができたのです。

3万円で中古車が買える「ジャンケンポン大会」が大評判に

販売業に進出してからもしばらくは、私と工場担当の2人で仕事を切り盛りしてきましたが、3年も経つと商いも大きくなって人手が欲しくなります。そこで、求人広告を出すなどして人材の確保に努め、徐々に社員を増やしていきました。

一方、店舗への集客や販売促進でも、いろいろと工夫を凝らしました。日常的には新聞の折込チラシなどを活用していましたが、もっと注目を喚起できるイベントのような仕掛けも欲しいと考えるようになりました。

その結果、思いついたのが年に一度の創業祭です。昭和50（1975）年10月、1回目の創業祭を開催しました。当時人気だったスカイラインやセドリック、カローラなどを展示するとともに、来場してくれた方を対象に景品をプレゼントする抽選会なども実施しま

第1回創業祭

す。折込チラシなどを使って大々的に告知して集客に努めましたが、最大の目玉企画は「ジャンケンポン大会」でした。

これは、会場に来られたお客様にトーナメント方式でジャンケンをしていただき、最後に勝ち残った方に中古車を3万円（諸費用は別途）でお譲りするというアトラクションです。通常は30万〜40万円で販売されている中古車をわずか3万円で購入できるということで、当日は多くの方にご来場いただき、大いに盛り上がりました。

「ジャンケンポン大会」は、翌年以降、現在に至るまで創業祭のメインイベントとして実施しています。お子さんも参加資格があるので家族総出で来られ、初めの頃は20人ほど、現在では200人近いお客様が参

ジャンケンポン大会（創業25周年記念大創業祭）

加され、会場は熱気の渦に包み込まれます。

創業祭の1週間ほど前からPRを兼ねて「3万円」の値札を付けた賞品の車を展示場に公開するのですが、30万円、40万円と値付けされた車の中にぽつんと3万円の車が置かれているわけですから、目を引きます。中には一般の販売品と勘違いして「これください」と言ってこられるお客様もいます。「これは創業祭でジャンケンに勝ったお客様にお譲りする車なんです」と申し上げると、「えーっ」と驚きながら、「面白いイベントですね」と関心を持ってくださいます。

当時はこのようなイベントを行う自動車販売店はほかになく、大変な話題となりました。PR効果も期待できます。ちなみに

第54回イソザキメモリアルゴルフコンペ（水戸ゴルフクラブ）

売上金の3万円は交通遺児向けのチャリティに寄付しています。

　開催に経費はかかりますが、こういったイベントは、やはり参加されるお客様も主催する私たちも「面白い」と感じられるかが大切なポイントだと思っています。ですから、創業祭以外でも定期的に展示会を開催するなど、さまざまな販促施策を打ってきました。実施内容もそのつど見直し、マンネリに陥らないように工夫を重ねてきました。

　常に自分自身に言い聞かせているのは、いろいろな施策を打って成果が出ても決して慢心してはいけないということです。勢いのある自動車販売店に視察に行ったり、出向いた先のスタッフにどんな方法で業績を伸ばしているか、その秘訣を聞かせてもらったりと、日々の勉強は常に怠らないようにしましたし、現在もそのことは心がけています。

なお、当社主催のイベントといえば、今年（令和5年）で119回を数えるゴルフコンペ「イソザキメモリアルゴルフコンペ」もあります。こちらは独立開業した昭和47（1972）年から実に50年間にわたり、大洗など近隣のゴルフ場で年2回開催しています。ゴルフコンペは、お客様や関係者、取引先の皆様と親密なコミュニケーションを図ることができる絶好の機会ですので、賞品にも趣向を凝らし、記憶に残る催しにしようと心がけてきました。創業30周年のコンペでは優勝者に未使用車の三菱ミニカを、令和4年に開催した50周年コンペでは新車のアルトをプレゼントしました。これらは、今後も当社の名物イベントとして継続して開催していきたいと思っています。

トリプルで儲けを出せる仕組みを構築

さて、販売業をスタートした当初から、整備の仕事にも進出したいと考えていました。販売した車には整備もついて回りますので、こちらも取りこぼさず事業に組み込みたいと思っていたのです。

ただ、そのためには整備資格者が必要となります。昭和51（1976）年5月、有資格者を採用して関東運輸局長の認証が得られました。これをきっかけに敷地内に新たに整備工場を立ち上げて整備業務を正式にスタートさせることにしました。

当社の事業に整備の部門が加わったことから、自動車販売、板金塗装の二つの事業と相互に連携させることで、新たな収益構造をつくり上げることができました。つまり、中古車を仕入れて、新たに塗装して付加価値をつけ、販売で利益を乗せ、さらには売った後も整備で収益を上げるといったように、トリプルで儲けを確保する仕組みができあがったのです。

この方法で事業をフル回転させることで、その後も順調に売上を伸ばし、社員数も10人程度まで増えていきました。独立から5年後の昭和52（1977）年4月には当初の予定通り、法人化を果たすことができました。「磯﨑自動車工業株式会社」の発足です。

法人化以降は銀行からの信用度も高まって、融資を受けられるようになり、ようやく資金繰りの苦労からも解放されるようになりました。

その当時も営業活動は、私ともう一人の社員の2人だけで行っていました。しかし、事業の広がりとともに整備技術者や事務、保険、サービスを担当する従業員も徐々に増え、

昭和52年には整備工場を増設

事務所が手狭になってきました。

　そこで、まず私の住まいを事務所の隣の棟に移し、さらに昭和53（1978）年8月には事務所を増改築しました。当初5台が限度だった展示スペースの敷地も拡大し、30台程度まで展示できるようにしました。

　従業員が1人、2人と増えて、いつの間にか組織の体《てい》を成すようになってきました。これからは、組織のマネジメントについてもいろいろと考えなければなりません。従業員たちのモチベーションを上げて、意欲的に仕事に取り組んでもらうにはどうしたらいいか、いろいろと思案した結果、昭和54（1979）年9月から「CAPS（キャップス）コンテスト」を実施することにしました。

CAPSコンテストで入賞者を表彰（第2回）

「CAPS」とは、社内の各業務の頭文字を組み合わせたものです。「C」は車（Car）、つまり自動車販売、「A」はエアコン（Air Conditioner）をはじめとする自動車部品販売、「P」はPAP＝総合自動車保険から保険を指し、「S」は車検などのサービス（Service）を表しています。仕事の内容はそれぞれ異なるのですが、営業、保険、サービスなど各部署ごとに決めた目標への到達度で優劣を競い、上位1位から3位までを表彰するというものです。

目標管理は本来、上司と部下との間で個別にやればいいことですが、それをあえてコンテストの形式にしました。コンテストということで競争心も芽生えますし、表彰することにより達成感も得られるので、営業以外の職種でも仕事への意欲をかき立てられるのではないかと考えたのです。

実際にやってみると期待通り、社員のやる気もアップし、成果も上がりましたので、以後、ＣＡＰＳコンテストは今日に至るまで毎年継続しています。

中古車市場の活性化にも力を尽くす

昭和50年代前半までは、中古車の購入代金の回収に相変わらず苦労していました。先ほど触れたとおり、マル専手形が不渡りになるなどして車の代金を回収できないことが度々あったのです。当社だけでなく、中古車販売に携わる事業者すべてがこの問題に頭を悩ましていました。

そうした中、50年代半ばになって、ＪＵが信販会社と提携してクレジット事業を開始しました。ＪＵクレジットです。中古車市場でもようやく信販会社による代金立て替え決済が可能になったのです。販売会社が決済でリスクを負う状態から徐々に脱却できるようになりました。このクレジットが登場したことで、他の信販会社も刺激を受けて次々とこの分野に参入しはじめ、中古車の販売環境は大きく改善します。

ＪＵとの関係については先ほども少し触れましたが、このあたりから私はＪＵの活動や運営により深く関わるようになりました。

当時のオークションには現在のようにＩＴを駆使したシステムはなく、オークション場に買い手が一堂に会して行う手競り方式が一般的でした。その際、オークションを取り仕切る進行役のコンダクターが必要になるのですが、それを私が買って出て自ら行うことが少なくありませんでした。

コンダクターには、会場を盛り上げながら、てきぱきと現場を仕切って、スムーズに競りを進行させる役割が求められます。それだけに、なかなか適任者が見つからない地域もありました。私はこの手の仕事に向いていたようで、当初はＪＵ茨城のオークションでコンダクターを務めていましたが、そのうちに栃木や群馬など他の地域のオークションも手伝ってほしいとの依頼があり、泊りがけで応援に駆けつけることも多くなりました。

もちろんＪＵでの活動は本業ではありませんから、引き受けても収入を得られるわけではありませんし、会社の売上に直接結びつくこともなく、あくまでボランティアとして関わっていました。業界の地位向上や発展に少しでも貢献したいとの思いからでした。

その後、チーフコンダクターとなり、さらに昭和58（１９８３）年頃にはオークションを取りまとめる流通委員長に昇格しました。そして、平成６（１９９４）年に流通委員長を兼ねる形でJU茨城の副会長に就任しました。執行部入りし、責任ある立場になったので、さらにＪＵの仕事にのめり込むようになりました。何とかオークションを盛り上げなければということで、日々、車集めに奔走することになったのです。

出品する車両がなければオークションが成立しませんので、事務局に「車、集まってないよ。何やってるの！」とはっぱをかけながら、自分自身も関係先に電話をかけまくり、出品車両の確保に努めました。〝記念オークション〟のような規模の大きなオークションの際には、20〜30台は用意しなければならないため、会社で売りたい車をオークションに回すこともありました。今にして思えば、会社にも社員にも迷惑をかけたと思います。

その後はＪＵの活動全般に携わるようになり、ＪＵ茨城の会長・理事長を長く務めることとなりました。また、全国組織のＪＵ中販連の流通委員長も拝命し、オークションシステムの改善などにも取り組んできました。

当初、オートオークションは各地域のＪＵがエリアごとに主催していましたが、ＩＴ化の流れを受けて全国共通のＩＤを発行できるようにし、全国で毎日のように開催されているオークションにパソコンを通じてリアルタイムに参加できるシステムを提案し、実施に向けた舵取りも自ら担いました。こういった一連の活動は、もちろん私自身の商売に直結するパイプをさらに太くし、ネットワークをより広げることにもつながりました。

しかし、今も私がひそかに自負しているのは、中古車市場の活性化に微力ながらもお役に立てたのではないかということです。もちろん、それを判断するのは市場であり、お客様なのですが。

オークションからの帰り道、あわや遭難！

オークションといえば、こんなこともありました。コンダクターとして他県にも出向くようになった昭和50年代のことです。

その日は、ＪＵ栃木が開催するオークションに呼ばれていました。私のほか、茨城で中古車屋を営んでいた同業の仲間2人が車を仕入れに行きたいということで私の車に同乗し、3人でオークション会場に向かいました。会場は茨城県笠間市片庭と栃木県茂木町小貫の間に位置する仏ノ山峠の近く、国道50号線から県道1号線に入ったあたりの県境にありました。

季節は真冬で寒さがひときわ堪《こた》える日でした。天候も不安定で吹雪になったら大変だと思い、

「なるべく早めに帰ろう」

と申し合わせました。

私が担当するオークションは滞りなく終了し、「陽のあるうちに茨城に戻れそうだな」と思いましたが、同行した1人が落札したい車がこのあと出品されるため、しばらく待とうということになりました。

夕方6時まで待機したのですが、結局その日は該当のオークションは開催されないことになりました。ならば急いで帰ろうと車に乗り込みましたが、その時点でもう雪が降り出しており、瞬く間に一面、雪景色となっていました。あいにくノーマルタイヤしか持ち合わせていなかったので、ガソリンスタンドに立ち寄ってチェーンを買い求めようとしましたが、すでに売り切れていました。

雪はますます激しく降り積もり、積雪は20センチを超える勢いです。とにかく車を動かそうということで、タイヤからエアを抜いてぺちゃんこにして走り始めました。しばらくはそれで走行できたのですが、仏ノ山峠は難所が多く、峠の一番上まで登りきるまでに途中何度か車が動かなくなりました。そのたびに車から降りて押すのですが、容易に上がっていきません。後続の車が次々と迫ってきて、私たちの車をかわしながら追い越していきます。

すると1台の車がかわし切れず、私たちの車めがけて突進してきました。あわや衝突というギリギリのところでハンドルを切り、何とかよけてくれたのですが、そのまま道から外れ崖から3メートルほど下に転落してしまったのです。

運転手は落下寸前に車から飛び降りて、無事でした。車も見たところそれほど損傷していないようでしたが、崖の下では動かしようがありません。

私は、途方に暮れる運転手に声を掛けました。

「夜が明けるまで車の中で待つしかないだろうね。まあ、朝になればなんとかなるよ。……それよりこっちは今、車が動かなくて困っているんだけど、手伝ってもらえないかな」

すると運転手はうなずいて、車を押し上げるのを手伝ってくれました。しばらくすると車は動き出し、その後、何とか峠の上までたどり着くことができました。6時過ぎに出発して、この時点で夜中の12時になっていました。普段なら1時間程度で移動できる距離です。

さて、ここからが問題でした。チェーンのないタイヤで下り坂を進むのはあまりにも危険です。間違いなく事故を起こすだろうと思いました。そこで、仕方なく車を置いていったん戻ろうということになりました。

ちょうど4トントラックが通りかかったので、乗せてもらえないかと頼んでみました。サッシを積んだトラックで、水戸経由で鹿島まで行くということです。

「水戸で荷物の積み下ろしがあるんだけと、待っていられるなら」

ということでしたが、行き先が私たち3人の帰宅ルートとほぼ重なっていたので、乗せてもらうことにしました。

3人のうち1人は水戸で降りて、2時間ほどかけて歩いて自宅に戻り、私ともう1人は途中の大洗で降ろしてもらいました。そして、そこから会社に戻って積載車に乗り込み、2人で再び仏ノ山峠に向かいました。

到着して車を積載車に積み込んだ時には、朝の6時を回っていました。そこでほっと一息ついたところ、昨夜から何も食べていないことに気がつきました。「飯でも食おうよ」ということで、早朝から開いていた中華料理屋に入り、空腹を満たしました。

自宅に着いたのは、8時過ぎでした。2時間で戻れるはずが半日以上かかったことになります。とんだ珍道中でしたが、今となっては懐かしい思い出です。

言葉の壁を乗り越え、国際結婚！

昭和54（1979）年、私は結婚しました。国際結婚です。私は32歳になっていました。その3年ほど前に台湾に旅行したのですが、その折に叔父の仕事の関係先に所用で伺うことになりました。訪問した日、その家のお嬢さんの友人がたまたま遊びに来ていました。それが現在の妻、雅恵でした。

最初に会った時から、美人で華があって、とても魅力的な女性だなと思いました。いわゆる一目惚れしたというところです。その後、たびたび台湾を訪れて交際を重ねるうち、結婚するならこの人だと思うようになりました。

当時、雅恵は日本語を話せませんでしたが、私の思いに応えてくれました。国際結婚は、まだ珍しい時代でしたので、ご両親も遠い異国に娘を嫁がせるのは心配だったと思いますが、何とか許していただき、晴れてこの年の11月に台湾で結婚式を挙げました。

雅恵は日本語がまったく話せない状態で来日したので、こちらの暮らしに慣れるまでは苦労が絶えなかったと思います。私の方もうまくコミュニケーションがとれず、当初は頭を抱えてしまうことも多かったです。たとえば「トウモロコシ」という言葉がなかなか通じなくて、身振り手振りで説明しようとしてもうまく伝わらず、途方に暮れたこともありました。今では、いい思い出になっていますが。

新婚当初からしばらくは、独身時代から暮らしていた事務所の隣の棟にそのまま住んでいました。結婚の翌年に長男の拓紀（現・代表取締役社長）、3年後の昭和57（1982）年には次男の充宏（現・常務取締役）が誕生しましたので、雅恵はしばらくは子育てに専念していました。子育てが一段落してからは、主に保険の分野で会社の仕事を手伝ってくれるようになりました。

結婚式の記念写真

日本語はなかなか上達しませんでしたが、彼女の営業力はなかなかのもので、「積み立てファミリー」という保険のセールスで、わずかな期間に50件、60件と契約を取ってきたのには、私も舌を巻きました。

妻・雅恵の日本国籍取得への長い道のり

雅恵とは国際結婚でしたので、結婚の前後に行わなければならない手続きが多く、しかも煩雑で、ずいぶんと悩まされました。中でも一番苦労したのが、雅恵の日本国籍取得でした。

日本人と結婚している外国人が日本国籍を取得するには帰化申請の手続きが必要ですが、この申請を行うには婚姻から3年以上経過していることが条件となります。そこで当面は日本で生活するための配偶者ビザを取得することになりますが、当初は3カ月ごとに東京に出向いてビザを更新しなければなりませんでした。その後、半年に1回となり、手続きも県内で可能となりましたが、息子たちも誕生し早めに国籍を取らなければと思うようになりました。

所定の3年が経過した昭和58（1983）年、雅恵の帰化申請の手続きを開始しました。申請書に必要事項を記入して提出すれば通るだろうと簡単に考えていたのですが、国籍取得のハードルの高さは想像以上でした。

まず、提出書類の多さに驚きました。帰化許可申請書のほかに履歴書、履歴書の内容を証明する書類、宣誓書、生計の概要を記載した書面、事業の概要を記載した書面など膨大な書類が必要だったのです。中でも辟易したのが雅恵の親族に関する書類で、親きょうだいの出生証明書、戸籍謄本、さらには資産に関する書類も提出が義務づけられています。雅恵の実家と何度も連絡を取り、書類を整えていくしかありませんでした。

何とか必要な資料が揃ったので、片手で持てないほどの分厚い書類一式を抱えて、雅恵と一緒に水戸にある法務局に手続きに出向きました。その頃は仕事も忙しく、何とか時間を捻出して行ったのですが、受付を済ませて待つこと1時間、いっこうに呼ばれる気配がありません。まもなく2時間が経過するというところでしびれを切らし、「もう2時間近く待っているんですけど」と受付にいた男性に聞いてみました。

するとその男性は詫びるでもなく、私と妻に胡散《うさん》臭げな視線を向けて、

「まあ、しょうがないでしょうね。待つのは」

と吐き捨てるように言ったのです。

これを聞いて私もカチンときました。そして、

「しょうがないとは何だ。こっちは忙しい中、時間を割いて申請に来ているんだ。君じゃ

話にならない。局長を出せ！」

と、怒鳴ってしまいました。もう少し冷静に対応すべきだったのですが、30代半ばの血気盛んな頃で、つい頭に血が上ってしまったのです。

その頃、私はパンチパーマをかけていましたし、雅恵も少し派手な服装で水商売風に見えていたのだと思います。同業の仲間たちも同じようななりでしたので、自分では特に気にしていませんでしたが、その男性には私が堅気の商売をしているようには映らなかったのかもしれません。

当時は、東南アジアなどからよからぬ生業で入国し、偽装結婚などで長期滞在をするような人たちも多かったようで、当局としてもおいそれとは国籍を与えられない、というスタンスだったのでしょう。私たちからすれば心外でしたが、誤解されたのだと思います。

しばらく待っていると、さすがに局長は出てきませんでしたが、担当する課の課長が現れました。

「不調法な対応で申し訳ありません」

と謝罪した上で、必要な書類を決まり通り用意しないと手続きができないことを説明しました。それならそうと伝えてくれればいいのに、と思いましたが、怒鳴ってしまったのはやはりまずかったようでした。

私は会社の名刺と当時役員をしていたJU茨城の名刺の両方を出して、まっとうな仕事についていることをアピールしようとしましたが、先方が抱いた悪い印象はすぐには払拭できなかったようで、慇懃無礼《いんぎんぶれい》な対応がその後も続きました。

ついに日本国籍を取得！

このままでは国籍取得は無理かもしれない、と思い、それ以降は会社で経理を担当していた女性社員に頼んで、妻と2人で申請に出向いてもらうことにしました。それでも申請はすぐには通らず、辛抱強く手続きを繰り返すしかありませんでした。

そして、平成3（1991）年、ようやく帰化申請が法務局に受理され、雅恵は晴れて日本国籍を取得することができました。申請を開始してから実に8年が経過していました。

申請さえ通れば同じ日本人＝同胞として迎えてくれるということでしょうか、市役所の担当者が自宅に訪ねてきて、「おめでとうございます！」と雅恵に花束を手渡してくれたのです。法務局から受けてきた塩対応とは打って変わった市役所の歓迎ぶりに、雅恵も私もようやく国籍を持てたのだという感慨に浸ることができました。

ショールームに飾った生け花とともに（平成24年）

先ほど触れたように、この間も雅恵は仕事にも打ち込み、後に常務として会社の発展に貢献してくれました。

また、プライベートでは草月流の生け花に熱心に取り組んできました。「磯﨑雅苑」という雅号を師匠からいただいて、節目となる会社の記念行事の際には季節の花をアレンジして会場を彩ってくれました。

雅恵は正義感が強く、ものをはっきりと言うタイプです。会社での仕事の進め方や部下とのやり取りなどをめぐって、私とぶつかることもありました。

私のやり方に不満がある時は、自宅だけでなく社内で言い合いになることも多かったです。夕方になると彼女の堪忍袋の緒が切れるのか、私に対して自分の思いをぶつ

令和5年春の勲章伝達式で（旭日双光章受章）

けてきます。以前の事務所では私と雅恵のデスクはトイレの近くにあったので、夕方にバトルが始まると社員や、来店いただいているお客様がトイレに行けずに困ることもあったとか。こちらは熱くなって言い合っていたので、周りの様子には気づきませんでしたが。

しかし、振り返ってみれば、雅恵はよかれと思ってあえて強い言葉で意見してくれていたのでしょう。言葉も習慣も異なる国から嫁いできて、来日からしばらくは不安や心細さを抱えて過ごしてきたからでしょうか、彼女の社員やスタッフ、お客様に対する気配りは実にこまやかです。彼女は常に私と従業員との関係を慮《おもんぱか》ってくれていたのだと思います。妻を見て自分を見つめ直す――やはり夫婦は合わせ鏡の関係なのでしょう。今では心から妻に感謝しています。

第3章

軽自動車の時代が来る！

「いつかはクラウン」の時代にあえて軽自動車販売にシフト

昭和57（1982）年3月、本社に隣接する県道（那珂湊那珂線）を挟んだ向かいの敷地に、軽自動車販売に特化した第二軽センターをオープンしました。

これは単に売り場を増設したというだけではなく、磯崎自動車工業のその後の進路を決定づけるターニングポイントとなるものでした。というのは、当社はこの第二軽センターの開設をもって、乗用車全般を扱う従来の売り方から軽自動車中心の販売へと路線を大幅に転換させることになったからです。

昭和55（1980）年の軽自動車の新車販売台数は101万3340台（全国軽自動車協会連合会統計資料より。以下同）で、新車販売総数（普通車＋小型車＋軽自動車）に占める割合は2割程度にすぎませんでした。当時のトヨタ自動車のCMに「いつかはクラウン」というキャッチコピーがありましたが、これに象徴されるようにユーザーの目線も大型車、高級車に向かっている時代です。人々の車への関心はカローラからはじまって、どんどん大きくて高そうな車に移っていったのです。ですから、軽自動車の利用がこの先、大きく伸びる

設立当時の第二軽センター

とはだれも予想していませんでした。販売する側からしても、軽自動車は単価が安いだけに利幅も薄くうまみがないと思われていたのです。

そのような状況下で、当社が軽自動車の販売に大きく舵を切ったのですから、周囲の人たちは首を傾げました。傍目には経営者、つまり私の判断が誤っているようにしか映らなかったことでしょう。スズキのアルトも販売されて間もない頃で、軽自動車の認知はまだまだ低かったのです。ですから、軽自動車を販売するといってもなかなか手頃な車は手に入らず、せっかく軽自動車に特化したセンターをオープンさせたところで、並べられる軽自動車は、せいぜい5～6台というところでした。

近隣の同業者からは、

「磯ちゃんのところは何で軽（自動車）ばかり

初代アルト（昭和54年）

売ってるの？　いくらの儲けにもならないのに」

などと揶揄されたものです。

しかし、私は普通車ばかりが売れる当時の現状に大きな疑問を抱いていました。自動車はステータスの象徴でもあるので、人々の目がどうしても見栄えのいい普通乗用車に行きがちなのは当然のことです。しかし、国土が小さく狭い道が多い日本にガソリンを大量に消費する大型の乗用車はいかにもミスマッチです。だから、私はいずれは実用性を踏まえて小回りの利く軽自動車に人気が集まると確信していました。

私の読みは当たったといえそうです。事実、軽自動車はその後、順調に販売台数を伸ばし、平成12（２０００）年には新車販売台数が１８７万４９１５台となって普通車・小型車を含めた新車販売総数に占める割合は30パーセントを超えました。平成30（２０１８）年に至っては、１９２万４１２４台と全体の36パーセントを軽自動車が占めるまでになったのです。

一方、軽自動車を除く新車販売台数は平成２（１９９０）年の約５９０万台をピークに減少に転じています。そして平成16（２００４）年に４００万台を割り込み、平成30年には約３３５万台にまで落ち込みました。

つまり、平成に入って普通車、小型車が販売不振に陥っても、軽自動車は順調に売上を伸ばしてきたことがわかります。この背景には平成２年、平成10年の規格変更で軽自動車のボディサイズや排気量の上限が引き上げられたこともあると思いますが、先ほども触れたように日本の狭い国土に広がる道路事情に適した小回りの利く扱いやすさ、燃費が比較的いいこと、さらには税制面での優遇などが利用者拡大に貢献してきたと思われます。

そして何より戦後のモータリゼーションの進展で、特に地方では自動車が日常生活に欠かせないツールとなり、その結果として男性だけでなく女性のドライバーが増えたことが軽自動車ユーザーの増加を後押ししてきたものと思われます。ちょっとした買い物や用足しなど普段から足替わりに車を利用するとなると、運転があまり得意でない主婦などは実用的で無駄がなく、扱いやすい軽自動車を好むはずだと私は考えていました。

ですから、周りからどんなに笑われても、軽自動車を数多く売っていこうという方針はぶれることはなかったのです。

スバルのサブディーラー「スコープ店」となる

とはいうものの、当時はメーカーも一般の消費者も軽自動車より普通車に目を奪われていた時代だったことも確かです。私が軽自動車を売りたいと思っても車種も少なく、台数を確保するのも一苦労でした。ようやく初代アルト（スズキ）が発売され、ミラ（ダイハツ工業）、ミニカ（三菱自動車）が人気を博するようになりましたが、全体としては、まだまだ軽自動車市場は低調でした。

そのため第二軽センターをオープンしたばかりの頃は、軽自動車以外の普通車、小型車も扱わざるを得ませんでした。

そんな状況でしたので、何らかの形で安定的に車を仕入れ販売するための道筋をつける必要があると感じました。そこで考えたのが、特定の自動車メーカーのサブディーラー（副代理店）になることでした。そしていろいろと検討した結果、ＳＵＢＡＲＵ（スバル）のサブディーラー「スコープ店」の看板を掲げることにしたのです。

スバルのサブディーラーになったことで、新車の販売も行うことになりました。その数年前から三菱の新車を扱うようになっていましたが、当社の本格的な新車販売はここからスタートした形です。車種としては、当時人気のあったレックス、サンバートライなどの軽自動車を中心に売っていきたいと考えていましたが、レオーネ、アルシオーネ、レガシィなどの普通車の販売にも力を入れました。

自動車メーカーとしては、スバルは必ずしもメジャーな立ち位置にはありませんでしたが、玄人筋の評価は非常に高く、「スバル一筋」というコアなファンも多かったのです。スコープ店のスバルをメインにした販売体制には苦労もありましたが、その後15年にわたってサブディーラーを務めることとなりました。

ただ、当時は新車よりも中古車の販売台数の方が圧倒的に多かったので、スバルだけでなく各社の中古軽自動車を幅広く仕入れて販売していました。新車販売は徐々に増えていきましたが、昭和の時代には新車が中古車を上回ることはなく、販売数が逆転するのは平成に入ってからです。平成の初め頃には、スバルの新車販売は年間130台ほどまでに伸びています。

この年、昭和57(1982)年は創業10周年という節目の年でもありました。そこで10

郵 便 は が き

おそれいりますが
63円切手を
お貼りください。

1028641

東京都千代田区平河町2-16-1
平河町森タワー13階

プレジデント社
書籍編集部 行

フリガナ		生年（西暦） 年	
氏 名		男・女	歳
住 所	〒 TEL （ ）		
メールアドレス			
職業または学校名			

ご記入いただいた個人情報につきましては、アンケート集計、事務連絡や弊社サービスに関するお知らせに利用させていただきます。法令に基づく場合を除き、ご本人の同意を得ることなく他に利用または提供することはありません。個人情報の開示・訂正・削除等についてはお客様相談窓口までお問い合わせください。以上にご同意の上、ご送付ください。
＜お客様相談窓口＞経営企画本部 TEL03-3237-3731
株式会社プレジデント社　個人情報保護管理者　経営企画本部長

この度はご購読ありがとうございます。アンケートにご協力ください。

本のタイトル

●ご購入のきっかけは何ですか?(○をお付けください。複数回答可)

1 タイトル　2 著者　3 内容・テーマ　4 帯のコピー
5 デザイン　6 人の勧め　7 インターネット
8 新聞・雑誌の広告(紙・誌名　)
9 新聞・雑誌の書評や記事(紙・誌名　)
10 その他(　)

●本書を購入した書店をお教えください。

書店名/　(所在地　)

●本書のご感想やご意見をお聞かせください。

●最近面白かった本、あるいは座右の一冊があればお教えください。

●今後お読みになりたいテーマや著者など、自由にお書きください。

どうもありがとうございました。

月にかつてない規模の大創業祭を開催することにしました。豪華な景品が当たる抽選会で会場を盛り上げ、メインのジャンケンポン大会の賞品には昭和48年式のホンダ・シビックを用意しました。ジャンケンに勝てば3万円でシビックが購入できるとあって、大勢のお客様が参加し、会場はこれまでにないほどの熱気に包まれました。

2年後の昭和59（1984）年9月には、大手スーパーの長崎屋勝田店との提携によるセールも実施しました。これは「ザ・せーる」と銘打ち、長崎屋の公園口駐車場に約100台の自動車を展示し販売するという大規模なものでした。大手スーパー（量販店）と組んで自動車を大量展示・販売するといったイベントの開催は当時としては珍しく、茨城県内では初の試みだったと思います。

会場では、磯崎自動車の強みを生かし、お値打ち価格の新車、中古車をさまざまに織り交ぜて展示しました。初めての試みにもかかわらず来場者も多く、PR効果も売上も当初の想定以上でした。

長崎屋とは、その後も良好な関係が続き、平成2（1990）年には勝田店内に常設のサービスカウンターをオープンしました。手始めにレックスとファミリア（マツダ）の未使用車を展示したのですが、すぐに完売御礼となりました。

また、昭和59年9月には、念願であったショールームもオープンしました。スペースは

話題となった「ザ・せーる」での大量展示販売

ジャンケンポン大会の賞品。ホンダ・シビックに熱い視線が

長崎屋勝田店に常設したサービスカウンター。
写真のレックス（右）とファミリア（左）は展示後すぐに完売

本社社屋を継ぎ足す形で一部改築し、確保しました。

「会社を儲からなくする」新方針に社員は大反対

創業12年目の昭和59（1984）年、私は向こう5年間の新しい経営方針を定めました。それは「会社を儲からなくする」というものです。

これを耳にすると「儲からなくする？なぜ？」と思われる方が多いでしょうが、この方針の根底にあるのは「お客様をどうしたら喜ばせることができるか」、会社側のスタンスに立って言い方を変えれば「顧客を囲い込むにはどうしたらいいか」ということです。

お客様に喜んでいただくためには、どうしたらいいか。創業10年が過ぎ、さまざまな施策を考えては実行に移してきました。そうした努力ももちろん必要なのですが、商売の根の部分にある最も大切なことは、われわれ販売に携わる側が利益を吐き出してお客様に還元することではないかと考えたのです。

そこで、その具体的な方策として、次の三つの柱を立ててみました。

一つ目は、決して事故車を売らないこと。これは中古車の売買では基本中の基本です。しかし、安く仕入れられるため安易に事故車を販売している店は、実はかなりあり、後から事故車であると知ることになった顧客とトラブルになるケースも少なくありません。

二つ目は、金利では儲けないこと。車をローンで買いたいというお客様に対しては、できるだけ低金利でご購入いただけるよう、ギリギリの金利を提示してローンを組んでいただけるようにしました。

そして三つ目に打ち出したのが、工賃永久半額です。購入後の車のメンテナンスにかかる工賃を従来価格の半額にしたのです。しかも期限は設けず、お客様が永久に格安の料金でメンテナンスを受けられるようにしました。

この三つの方針を社内で部下たちに伝えると、即座に猛烈な反対に遭いました。

「そんな方針はバカげています！　会社が持ちません」

「間違いなく倒産しますよ」

一つ目、二つ目の方針はともかく三つ目の工賃永久半額はリスクが高すぎて、「とてもじゃないが受け入れられない」というのです。社員は猛反対で、誰ひとり、賛成する者はいませんでした。みな真剣に怒っていました。「そんなのやってられないよ」と口にする者もいました。

納得しない社員たちを前に、私は言いました。

「そうか、みんな反対か。それなら、これは間違いなくうまくいくな。方針は変えないよ」

聞いた社員たちは訝《いぶか》しげです。何を言っているんだろうという顔つきでした。

つまり、こういうことです。これだけ社内で反対されるということは、同業他社もまた私とは反対の意見だろう。すなわちこの方針に他社は追随しにくいということです。他社ができないことができれば、わが社の独壇場です。それだけ優位に立てると思いました。社員たちに反対されればされるほど、これはいけると直感したのは、この場合、逆が真だからです。

しかしながら工賃永久半額という方針は、やはり突拍子もない提案だったようです。これを本当に実行に移せば、会社にとって大損害になると、社員たちはかなり動揺していました。本当にそうなのでしょうか。

実は、業者間で下請けとしてメンテナンスを請け負う場合は、まさに一般客に請求する金額の半分程度の料金で引き受けることが多いのです。万一、整備部門単独で採算割れになっても、販売も含めてトータルで利益が出れば問題はないと、私は考えていました。何も闇雲に景気のいい話をぶち上げたわけではなく、相応の計算も働いていたことはきちんと説明しました。

この三本柱の方針は、社外でも波紋を広げました。この頃、業界紙の日刊自動車新聞から整備工場経営をテーマに取材を受ける機会があったのですが、その折にこの話をしたのです。記事が掲載されると思いがけず大きな反響があり、全国から詳しい話を聞きたいと問い合わせが相次ぎました。

そこで、この方針の主旨や狙いを説明したところ、反応としては社内と同様に「経営が成り立たないのではないか」といった声が大半でした。それでも「儲けは後からついてくる」と私は確信していたのです。この三本柱を武器に地道に売上を伸ばしていけば必ず利益も上がってくるだろう、と。

「とにかく売りやすい軽自動車に的を絞って数字を上げていこう。最初は収支はトントンでもいい。ただし、赤字はダメだ」

私は、そう社員たちに厳命しました。

1億2000万円の借金が重くのしかかる

5カ年計画の「儲からない三本柱」を掲げて、いざスタートしてみると、売上はやはり私の思惑通り順調に拡大していきました。ただし、当然ながら今までのような大きな利益は確保することができません。その結果、しばらくの間、苦しい経営を強いられることにもなりました。

「赤字を出すな」と社員には指示していたのですが、昭和63（1989）年までの5年間で2期、59年と61年は赤字を計上する結果となったのです。とはいえ、赤字幅はそれぞれ200～300万円程度です。その後もぶれずにコツコツと努力を続けた結果、当初2億5000万円だった売上を63年には何と倍の5億円まで伸ばすことができました。

その昭和63年に、次の転機が訪れました。本社に隣接する土地付きのビルを買わないかという話を持ちかけられたのです。ビルは3階建てで敷地は500坪です。土地と建物合わせて1億2000万円で、建物の価格は相場より高めだったのですが、私は思い切って購入することに決めました。ここを新しい本社にしよう――そう思ったからでした。

では、費用をどうするか。建物の一部を改修する費用は自前で捻出できそうでしたが、土地・建物の購入代金1億2000万円はやはり銀行から借り入れるしかありません。こんなに多額の借金をして、返済していけるだろうか――。不安が胸をよぎりましたが、前に進むしかない、と借り入れを決断し、銀行に対して5億円の年間売上を3年間で8億円に拡大するという事業計画を提示しました。

いささか無謀な事業計画ではありましたが、なんとか無事に融資を受けることができました。それでも銀行にとっても大口の案件ですから、こちらの経営状態が気になるようで、その後、支店長が頻繁に顔を見せるようになりました。そして、来訪すると毎回、私と定番の会話を繰り返すことになります。

「社長、ゴーサインを出したのは私なので、責任があるんです。大丈夫ですか。本当に何とかしていただかないと困ります」

「大丈夫。何の心配もいりませんよ」

私は支店長にこのように答えていましたが、3年間で売上を6割も伸ばすというのは、通常の企業活動からすれば至難の業でしょう。支店長の心配はごもっともでしたし、実は私自身も内心では不安でたまりませんでした。「儲からない三本柱」を5年にわたって実践し、成果が得られたという自信はあったのですが、周囲が大反対し誰も味方がいない中での孤軍奮闘で、寂しい思いを抱えつつ自分自身を鼓舞しながらようやくの思いで乗り切ってきたのです。

今回も絶対うまくいく——そう自分を励まし、目標達成に向けて邁進《まいしん》するしかありませんでした。

わずか1年で3億円の売上増を達成！

とにかく数字を上げるしかありませんので、営業担当には販売に励むようはっぱをかけ、自分自身も売上確保に向けてがむしゃらに取り組みました。その中で実感したのは、やはり「儲からない方針」が当社の武器となって、業績拡大の後押しをしてくれているということでした。

ビルの購入後、改修工事は着々と進み、1階の事務所内に広いショールームが完成しました。そして翌年の平成元（1989）年11月、磯崎自動車工業新社屋がオープンしました。

平成元年、新社屋オープン

式典では最初に出初め式が披露され、3日間の記念セールでは300人以上の来場者がありました。成約台数も30台を超えるなど、今までで最大の売上を達成することができたのです。年が明けた平成2（1990）年1月にもセールを行いましたが、こちらも大盛況となりました。

「三本柱」の経営方針に則り軽自動車を拡販するという営業戦略を地道に実行しつづけたことが、ここでもいい結果をもたらしてくれました。この年はそのまま順調に数字を伸ばし、平成2年の最終売上高は7億8000万円となりました。何と3年とかからず、わずか1年で目標の8億円に近い売上を達成できたのです。

翌平成3（1991）年は、多くの人に

大盛況だった新社屋オープンセールでのジャンケンポン大会

はバブル崩壊の年として記憶されていると思いますが、私にとっては、それほど記憶に残る年ではありませんでした。

新聞やテレビではバブル崩壊により大きなダメージを被った業界や企業のニュースをいろいろな角度から取り上げていましたが、自動車業界自体にはバブル景気もバブルの崩壊も、それほど影響はなかったと思います。もちろん近隣の同業者の中には、バブル期に破竹の勢いで店舗数を増やしたり、大手商社と組んで高級外車ばかりを派手に拡販したりといった販売店もありました。バブル終息による影響をもろに被って、事業が立ち行かなくなったのは、こういった会社でした。

当社の場合は無理な店舗拡大や設備投資

などはしませんでした。どちらかといえば、この時期、組織の内部固めに力を注いでいたのです。そして高額な嗜好品としての車ではなく、生活に必要なツールである軽自動車をこれまで通り地道に一台一台コツコツと売り続けていました。このことが結果的に、バブル崩壊の影響を受けることなく会社を成長させたのでしょう。

「会社を儲からなくする」戦略で弾みがついた業績拡大への勢いは、大きな景気後退のさなかでも鈍ることはなかったのです。

業績拡大を支えた経営理念「顧客の創造」

競争の激しい自動車業界を生き抜いてこられたのは、常に自分なりにビジョンを持ち、それを実践してきたからだと思います。

創業当初は無我夢中で理念や方針などを考える余裕はありませんでしたが、創業から5年後、会社が法人化してからは、10年単位で企業理念、経営ビジョンといったものを練り上げてきました。さらに各年度のスタート時には、その年の経営基本方針を定めて、社員全員で共有できるようスローガンという形にして掲げてきました。

こうした企業理念や経営方針、目標などを掲げる企業は、大手を中心に多くありますが、当社ぐらいの規模の会社ではそれほど多くはないのではないでしょうか。私は理念や目標は歩む方向をしっかりと見定めるための地図であり羅針盤であると思っていますので、早い時期から社員に提示してきたのです。

たとえば、40周年を迎えた平成24（２０１２）年には、以下のスローガンを掲げました。

＊経営理念＊　「顧客の創造」「ＣＳ・ＥＳ・ＣＩ三本柱安定化」「地域社会に貢献」

＊経営基本方針＊　「２０１２チャレンジ40目指せ優良企業！　アニバーサリー40地域Ｎｏ．１企業」「全社員総力戦『全員が営業マンであれ！』」「売上倍増計画３年間で総収益２００％達成」

＊将来の目標＊　「目指せ無借金経営！（２０１５年）」「スズキアリーナディーラーの構築を目指す」「販売エリア拡張とサービス部門強化！インフラ整備」

この10年後、長男の拓紀に社長が代替わりした令和４（２０２２）年には、新たに企業理念を項目に加え、以下のように定めました。

＊企業理念＊　「クルマを通じて『人』と『社会』を幸せにする」
＊経営理念＊　「顧客の創造」「ＣＳ・ＥＳ・ＣＩ三本柱安定化」「地域社会に貢献」
＊経営基本方針＊　「社員の幸せと満足度向上」「『イソザキブランド』の構築と活用」「人財の育成」
＊将来の目標＊　「２０２２チャレンジ50目指せ30億円企業」「経常利益１億円達成」「目指せ！茨城Ｎｏ．１自動車会社」

ご覧の通り「経営理念」は経営の根幹をなす考え方ですので、平成24年、令和４年とも同一の３つのスローガン「顧客の創造」「ＣＳ・ＥＳ・ＣＩ三本柱安定化」「地域社会に貢献」を掲げています。

このうち理念を経営の指針にするようになった当初から唱えつづけてきたのが、一つ目の「顧客の創造」です。

どうしたらお客様に１回限りの取引ではなく、磯崎自動車の真の顧客になっていただけるか――このことをずっと考えながら事業を展開してきました。会社を儲からなくする方針を掲げ、「事故車を売らない」「金利をギリギリまで抑える」「購入後の工賃を半額にする」の三本柱を打ち出したことは、まさにこの理念の実践にほかなりません。

「会社を儲からなく」すれば、その分お客様に還元できます。三本柱はそれを実現するための手段です。これをその場限りの販売促進策としてのみ実行するスタンスでは、お客様にその意図は伝わりにくく、継続して効果を上げるには至らなかったでしょう。

やはり、しっかりと理念として掲げ、社内で共有し、継続して実行していくことが大切なのです。

経営基本方針（令和4年）

初めての海外社員旅行

「軽自動車の販売に特化する」「会社が儲からないようにする」など、これまで掲げてきた当社の方針や実行に移してきた施策の多くは、一般的には業界の常識、あるいは経営の定石からは外れていると見なされることでした。

そのため、私のことをリスクを恐れず無鉄砲にふるまう勝負師のように思われている方もいるようですが、実際はむしろ逆で、石橋を叩いて慎重に事を進める方だと自分では思っています。

ただ、「ここは決断のしどころ」と判断した時には、部下たちに大号令をかけて、針路を１８０度転換することもありました。その時は躊躇することなく、社内の体制も一新し、決断したことを素早く実行に移しました。

企業のトップが常識では理解しにくい方針転換をするわけですから、社員たちが戸惑うことも多かったと思います。社長たるもの、強いリーダーシップを発揮して部下たちを引っ張っていくべきとの思いから、時に厳しい口調で指示を出すことも少なくありませんでした。そうした場合にも、私としては思いを共有するために、その場を取り繕うのではなく情をもって正直にストレートに社員に接していたつもりです。しかし、私のやり方を厳しすぎると感じる者もいたことでしょう。

少数ですが、長く勤めていたのに途中で会社を去っていった部下たちもいます。できるだけ社員の気持ちに寄り添おうと努めてきたつもりですので、社員から「辞めたい」と申し出られると、悔しく悲しい思いでいっぱいになります。辞めてほしくない一心で、思わず「そんなに辞めたいなら、自分と同じ売上を挙げられる代わりの社員を連れてきてからにしろ!」などと怒鳴ってしまったこともありました。

それでも多くの社員が私を信じてついてきてくれたのは確かです。中でも津田信行(現・専務取締役)、池田寿行(現・営業部長)の2人は私のいささか剛腕なやり方もしっかり受け止め、その意図や真意を理解してくれて、30年以上にわたって会社を支えつづけてくれたのです。本当にいい部下に恵まれたと思っています。

平成2(1990)年には3億円の売上増を達成し、それ以降も磯崎自動車の業績は順調に伸びつづけました。目標にする数字も毎年積み増していきました。目標を達成することにより自分の立てた方針に間違いはなかったと手応えを感じることができましたし、社員たちの頑張りにも報いてやらなければと思いました。

そこで、平成4(1992)年5月、初めての海外社員旅行を実施しました。平成4年は創立20周年の節目でもありましたので、関係先を招待して「感謝の集い」を大規模に開催する一方、例年行っている社員旅行もグレードアップを図ろうと考えたのです。

第1回の訪問先はグアムでした。2泊3日と束の間のリゾートライフでしたが、社員たちには楽しんでもらえたようです。翌平成5(1993)年5月の社員旅行では韓国を訪れました。社内での評判もいいので、その後も香港、サイパン、台湾と、旅行先を海外にすることが多くなっていきました。

初めての海外社員旅行（グアムのホテルで）

ついに「民間車検工場」が実現

平成6（1994）年9月には、TAX（タックス）総合買取センター水戸店をオープンしました。

TAXは、全国規模で店舗展開をしている中古車販売のボランタリー・チェーンです（現在は新車も取り扱っています）。チェーンに加盟しても実際の店舗運営は個々の加盟店の裁量に任せる部分が多く、自由度が大きいところがTAXの特徴です。当社は、すでに昭和63（1988）年6月にTAXに加盟していました。加盟後はTAXの高い知名度を活用すべく本社に看板を掲げ、そのブランド力を生かしてさらなる集客を図っていきました。新たに開設した水戸店を「総合買取センター」としたのは、主に仕

悲願だった民間車検工場が稼働開始

入れ面での補強を目指したいと考えたからです。

また、平成9（1997）年3月には、関東運輸局長から指定自動車整備事業に指定されました。

他の箇所でも触れましたが、すでに当社は昭和51（1976）年5月に関東運輸局から自動車分解整備事業に認証され、「認証工場」として整備事業を本格的にスタートさせています。しかし、認証工場は自社内に検査ラインを持つことは認められていません。ですから、お客様が車検を希望する場合には、整備を終えてから陸運局に車両を運んで検査を受けてもらわなければなりません。また、依頼が多い土日・祝日に整備業務を行うことが禁止されている点も大きなネックとなっていました。

しかし、指定自動車整備事業に指定された工場、いわゆる「指定工場」になれば、検査ラインを工場内に持つことが可能となり、運輸支局に代わって車検を行えるようになります。さらに土日・祝日の稼働も認められます。つまり、整備と車検を一括して受注できる「民間車検工場」となることができるのです。

指定工場になるには、整備事業に従事する従業員数や検査員・有資格者の人数など、国が定めた厳しい基準をクリアしなければなりませんが、整備事業の拡大を目指していた当社にとっては何としても克服しなければならない課題でした。

平成に入り、徐々に業績を拡大していく中で従業員が増え、整備士などの有資格者も複数入社するようになって、この年、何とか指定工場の基準を満たすことができました。

ここから整備部門はさらに売上を伸ばし、当社の主要事業の一角を占めるまでに成長を続けていきます。

第4章

スズキのトップディーラーへ

展示場を増設した第二軽センター

「スコープ店」の看板を下ろす

平成に入ってからも、軽自動車の販売をメインに据えるという当社の路線は揺るぎませんでした。平成８（１９９６）年10月には手狭になった第二軽センターの展示場を増設し、さらなる売上拡大を目指します。

しかし、私はある時期から、この先もさらに軽自動車で売上攻勢をかけていけるのだろうか、ＳＵＢＡＲＵ（スバル）のサブディーラーという立場に胡坐《あぐら》をかいていていいのだろうかと疑問を抱くようになっていました。

スバル黎明期を代表する「スバル３６０」は、確かに軽自動車人気の先鞭をつけた名車です。トヨタ自動車や日産自動車における人気モデルが営業用や富裕層向けだったのに対して大衆車として人気を博し、まさに一世を風靡《ふうび》したといっていいでしょう。もちろん、その後もスバルには、レックスなどの注目車はありましたが、いかんせん大ヒットには至りませんでした。価格と実用性の両面を満足させるような製品をなかなか作れなかったともいえるでしょう。そして、その後の軽自動車の分野では、ダイハツ工業やスズキが大きく躍進し、スバルは押され気味になっていました。

前章でスバルにはコアなファンが多いと書きましたが、これは裏を返せば、スバルの車はやや技術偏重でマニアックな傾向が強いということでもあります。ですから、いくら大衆向けであったといっても、幅広い層の支持を得るにはハードルも高かったのです。

こうした見方は、スバルを売りつづけることへの疑問へと変わっていきました。そして、平成10（1998）年頃のことでしたが、決定的ともいえるある情報が同業者からもたらされたのです。

その同業者というのは、他県でスコープ店を営んでいる方です。〝スバリスト〟といえるほどスバルの車に惚れ込んでおり、地元で開催されるレースにもスバルと組んで参加されていました。つまり、スバルからさまざまな情報を得られる立場にありました。

ある時、その方がこんな話をしてくれました。

「磯﨑さん、どうやらスバルは軽自動車の生産をやめるらしい。ＯＥＭ（Original Equipment Manufacturer＝自社ブランド製品を別のメーカーが製造すること）に切り替えていく方針のようだ。スバルが自社開発する軽自動車はいずれなくなるよ」

やはりそうか、と思いました。スバルの経営方針が変わってきているなと、漠然と感じていたからです。

世紀が変わる平成12（２０００）年、私はスバルのサブディーラーの契約を解除することを決めました。スバルの「スコープ店」の看板を下ろし、今後は軽自動車市場で高いシェアを誇っているスズキ、あるいはダイハツのいずれかを中心に据えて販売していこうと考えたのです。

今、振り返ってみても、この時の私の決断は正しかったと思います。同業者からの情報が決め手にはなりましたが、私自身の〝勘〟も軽自動車の分野でスバルが失速していくのではないかと告げていました。

その見立て通りスバルはさらに苦戦を強いられ、平成20（２００８）年、軽自動車の開発・生産からの撤退を発表しました。これ以降、スバルからラインアップされる軽自動車は、ダイハツからＯＥＭ車として提供されることになりました。

では、当社はスズキとダイハツのどちらのブランドを選ぶべきか――。スバルのＯＥＭ

スズキ・ワゴンR（2代目、平成10年）

車を担うことになるダイハツのことがまったく気にならなかったわけではありませんが、企業としての勢いという点においては、やはりスズキがダイハツに先んじているように思えました。たとえば、平成10（1998）年の「ワゴンR」の広告キャンペーンでは、当時、映画『タイタニック』に主演し日の出の勢いだったハリウッドスター、レオナルド・ディカプリオを起用して話題をさらっていました。このCMは、軽自動車のイメージを一新させるほどのインパクトがありました。

また、技術面でもスズキに軍配が上がると私は判断しました。かつてスズキはスバルと部品の共有化などの業務提携をしていましたので、私見ではありますが、その際にスバルの先進的な技術に触れたことがスズキにとっては大きな刺激となり、それがその後の同社の揺るぎない技術力の確立につながったはずだと考えたのです。特にハンドル回り、足回り、エンジンルームなどについては、目覚ましい進歩を遂げたのではないでしょうか。

それに加えて、サブディーラーをどんどん増やしていこうという営業面での意欲も、スズキの方が強いように感じられました。その象徴が「アリーナ店」だったように思えたのです。

「スズキアリーナ店」として再始動

スズキは、店舗拡大戦略の一環として昭和58（1983）年から小型車を専門とする店舗展開を目指し、スズキ・カルタスの名前を冠した「カルタス店」を運営していました。しかし、小型車だけでは採算が取れず、平成12（2000）年にカルタス店を普通乗用車や中古車も扱うアリーナ店へと再編成したのです。そして、このアリーナ店を足掛かりにして全国規模の展開を始めました。

当時、スズキは店舗網拡大へ攻勢を強めていき、販売店は次々とアリーナ店に加盟していきました。

スズキとは以前から接点がありましたので、アリーナ店のことについては折に触れて聞いていました。「まだ店舗展開を始めたばかりだけど、なかなかよさそうだ」と感じていました。

こうしたアリーナをめぐるさまざまな情報に接し、周囲の販売店の動向も見極めて、当社もスズキをメインに売っていくという方針を固め、同社の正規ディーラーを目指すこととなりました。

その後、2年をかけて正規ディーラーになるための準備を進め、その資格を得ました。当社の場合は、スバルのスコープ店を経験していましたから、スズキのアリーナ店のシステムにも馴染みやすかったのだと思います。スズキのアリーナ店になるには基準があり、普通車の新車（登録車）を年間に60台ほど売ることを義務づけられていました。それを何とか売り切ったことでアリーナ店になる資格が得られます。

かくして平成14（２００２）年2月、磯崎自動車工業はスズキと契約を結び、同年8月に「スズキアリーナひたちなか東店」の正規代理店認定を得て、正規ディーラーとしての業務を開始しました。

スズキの副代理店になったことで、当社が扱える車種は一気に増えました。ただし、増

開店当時のスズキアリーナひたちなか東店

えた結果として今後は「スズキ車」の販売に特に力を注がなくてはなりません。スズキの戦略は、軽自動車から普通車までスズキ車を拡販していこうというものです。アリーナ店の場合はノルマがありますから、新車乗用車の販売目標である年間60台に向けて、販売台数の拡大に取り組む必要がありました。

しかし、扱える車種が多くなったということは、購入するお客様にとっては選択の幅が広がるということです。ユーザーには喜ばしいことでした。また、販売する側としてもさまざまな提案が可能になるので、お客様の求める用途や価格に合わせて、よりよいものを販売できるというメリットもあります。ユーザー、販売側ともにメリッ

アルト（5代目、平成10年）

スイフト（平成16年）

トが増えましたから、ここが頑張りどころだろうと思い、当社ではスズキ車の販売に注力しました。

軽自動車では、アルトやラパンが軸となります。女性をターゲットにしたラパンは爆発的な人気で当社でも売れ筋でした。小型乗用車では、とくにスズキが推していたスイフトの拡販に努めました。この車は、CMにも力を入れていましたからユーザーの注目度も高く、販売につなげやすかったと思います。さらに、他の小型車よりも少しスペックを落としている分、価格が抑えられていたことが、ユーザーにとっては大きな魅力だったと思います。

また、トールワゴンのソリオも当時から人気がありました。

一方、スズキは昭和56（1981）年からゼネラルモーターズ（GM）と資本提携を行っていました。平成21（2009）年には提携を解消するものの、2社の共同開発でシボレー・クルーズが誕生しました。GMではシボレーの小型は製造していませんでしたから、言うならばこれはスズキブランドでの人気車種といえます。当社は、この車も積極的に売りまくりました。

ソリオ（平成17年）

シボレー・クルーズ（平成13年）

第7回CAPSコンテストの入賞者表彰。
左端が正幸（昭和60年12月）

アリーナ店拡大へスズキに協力

アリーナ店として当社が販売体制を一新する直前、私にとっては少し残念な出来事がありました。それは、専務として会社を支えてくれてきた弟の正幸が、独立するため退社したことでした。

11歳年下の正幸は、私の仕事を手伝いたいと専門学校の自動車整備科に進みました。卒業後はいったん東都いすゞモーターに就職しましたが、その後、当社に入社し、23年にわたって磯崎自動車の発展に尽くしてくれました。

正幸がいずれ独立したいという気持ちでいたことは知ってはいたのですが、いざ具体的に相談を受けると何とも寂しい気持ちになりました。それでも本人の希望を叶えてやろうと独立を後押しすることにしました。

正幸は平成13（2001）年、磯﨑自動車を退職し、その年の12月につくば市に自動車販売業「イソマサオート」を創業しました。つくば市で会社を立ち上げたのは、当社と商圏が被らないようにとの彼の配慮からだと思います。平成21（2009）年7月には水戸市に移転し、新たに陸運局認証整備工場資格を取得して自社工場も完備しました。

イソマサオートはマニアに人気の軽オープンスポーツカー、ホンダ「ビート」の専門店として人気を博しています。ビートを専門に扱っているのは、茨城県では弟の店くらいでしょう。

さて、スコープ店時代からの当社のお客様は、やはりスバルのユーザーが多かったのですが、アリーナ店に看板を替えたことで、スバルからスズキにスライドした方も少なくありません。

お客様には、まず実際にスズキ車に乗っていただくなどして、その良さを実感していただこうと努めました。それで、感想などを伺いながら、商談を進めていきます。こちらが真剣にお客様の要望に応え、丁寧《ていねい》に営業することによって、お客様はスズキ車を選んでくださるわけです。お客様との間にあるのは、つまりは信頼関係です。

さて、先ほど触れた通り、スズキは当時、店舗数の拡大を進めており、茨城県内でも当社をはじめ多くの自動車販売店にアプローチしていました。その結果、日産や三菱の販売店でもアリーナ店に鞍替えする店が増えていったのです。地域一帯の販売チャネルを制覇しようという勢いが感じられました。

そして、さらなる店舗網の拡大に向けて、私にもスズキから協力要請がありました。アリーナ店になってくれそうな県内の自動車販売店を紹介してほしいというのです。当時、私は茨城県中古自動車販売協会の役員などを務めていたので、顔が広いだろうとの判断だったのでしょう。そこで、懇意にしていた販売店のうち比較的規模の大きな店を4～5軒、候補として紹介しました。

本来、同業者といえば商売敵ですが、県内の自動車販売店は互いに横のつながりを大切にしており、どの店とも関係は良好でした。ライバルというよりは仲間という意識が強いので、スズキ側に紹介することにそれほど抵抗はありませんでした。また、販売店が増えていけばスズキ全体の底上げにつながりますし、スズキ車への認知が広がることでより販売しやすい環境が整うのではないかとの期待もありました。地域でアリーナ店が増えることは、翻って当社にとっても利益につながるはずだという読みがあったのです。

アリーナ店を増やすお手伝いをしたことは、スズキとの関係強化にもつながったと思います。スズキの担当の方にはとても感謝され、県内で催しなどがあれば、まず私のところに相談に来られるようになりました。

　スズキがメーカーとして転換期にあった時期に少なからず応援ができたことは、私のひそかな自負にもなっています。

次男、長男が相次いで入社

「アリーナ店」としての業務を開始した平成14（2002）年はちょうど創業30周年に当たりましたので、10月に「感謝の集い」を開催するとともに、例年よりも規模を拡大して「大創業祭」を実施しました。これで集客に努め「アリーナ店」としての認知を一気に広めようと考えた次第です。

　社員数は16〜17人まで増え、営業、サービス、保険、整備、板金塗装など各部門の層も徐々に厚くなりはじめていましたが、会社としてはまだまだこれからという段階でした。

　販売については軽自動車中心でいくという従来からの方針に変わりはありませんでしたが、アリーナ店となった以上、普通車の新車も拡販していく必要がありました。トータル

30周年大創業祭。季節の果物チャリティオークションを開催

の販売台数はその後も対前年プラスを維持して伸びつづけていましたが、中古車と新車とを比べると少しずつですが確実に新車の伸びが大きくなっていきました。こうして年ごとの比較をしていますと、軽自動車中心という路線は変えないまでも、新車をさらに積極的に売っていく体制を整えなければならないということを強く感じはじめました。

ただ、この課題の解決は簡単にはいかないとも思っていました。

その理由は、営業のスタイル、つまり車の販売方法にありました。当社のような中古車屋の車の売り方というのは、自分のところで車を仕入れてナンバー登録を行い、しばらく展示したものを販売するという手法で、これは未使用車も同様でした。最初からダイレクトに新車を販売するより手っ取り早く、また利益も十分に確保できるので、どうしても中古車優先に売る方向に流れてしまうのです。

また、中古車販売に長年、携わっていたことで、まず目の前にある在庫を売りたい、とりあえず吐き出してしまいたいという思いも強くなります。そうしたマインドに慣れていたために、新車販売へとシフトするのは困難ではないか、あるいは相当に時間を要するのではないかと感じました。事実、新車販売についてはその後しばらく頭打ちの状況が続くこととなりました。

平成16（2004）年、次男の充宏が当社に入社しました。ベテラン社員の津田信行（現・専務取締役）に営業のノウハウを叩き込まれ、オークションなどで仕入れを担当するようになりました。オークションでの中古車相場は生き物のように変動するので実はなかなか難しいのですが、かなりの実績を挙げ、その後、アリーナ店の店長を務めます。

平成17（2005）年4月、アリーナ第2号店として「スズキアリーナ水戸大洗インター店」をオープンしました。令和2（2020）年には役割を終えて閉店しましたが、一時期は低額車を中心に販売拡大に貢献してくれました。さらに翌平成18（2006）年には、バン&トラックセンター展示場を増設しています。

磯崎充宏（現・常務取締役）

スズキアリーナ水戸大洗インター店

磯﨑拓紀（現・代表取締役社長）

そして、平成18年、長男の拓紀が弟の充宏に2年遅れて当社に入社します。拓紀は大学で経済学を学び、卒業後は大阪でスズキの経営研修生として3年間、修業を積んでいました。

スズキではディーラーとして店頭での直販営業、いわゆるショールーム営業に携わりました。10台は楽に展示できるショールームを備えた大きな営業所で、ノルマもあったはずですから、仕事の厳しさは半端なものではなかったでしょう。ユーザーとの値段交渉などで町の販売店とバッティングすることもあったようです。この時の経験から、ディーラーには太刀打ちできない、当社のような町の販売店や整備工場の立場の弱さを実感したようです。しかし、拓紀は苦労した分、大きく成長し、たくましくなって戻ってきました。

私は、息子たちに「車屋を継げ」と言ったことは一度もありません。拓紀が研修生としてスズキで働きたいと相談してきた時、「できれば西の方、できるだけ厳しいところで修業をしなさい」と告げたことを覚えています。彼は、私ほど車好きではありませんでしたから、経営者の息子だからといって甘えてはいけない、ということを暗に伝えたかったのです。後に聞いた話ですが「大阪のお客さんは本音でクレームをつけてくるので、その処理は大変だったけれど、いい勉強になった」と言っています。

結局、拓紀も充宏も自分の意志で当社で働く道を選びました。

水戸に新車専門店をオープン

平成21（2009）年1月、新車専門のスズキアリーナ水戸桜の牧店がオープンしました。念願の新車専門店です。店長は、スズキでディーラーを経験した拓紀に任せました。スタッフは営業担当1人、サービス担当2人、事務担当の女性社員が1人と、店長以下計5人でスタートを切りました。

この数年前から当社でも新車の販売の比重が増えつつありましたから、やはり未使用の新古車ではなく新車中心を売っていくべきだということは十分にわかっていました。とはいえ、この時点で新車のディーラーとしてやっていくというのは大きな決断でしたが、拓

スズキアリーナ水戸桜の牧店

紀がスズキで新車を扱っていたということが私の背中を強く押してくれたのは確かです。そこで新しい店舗では新車のディーラーとして勝負しようと腹を決めました。

実は、少し前から水戸で店を出したいという思いはありました。具体的に目をつけていた場所もあり、そこに出店したいと思っていたのですが、当初、中古車専門店にするかディーラーにするか決めかねていました。といいますのも、そこは居抜きの物件で元は布団店だったからです。土地の前方にある建物を事務所として使用するとなると、車を並べる展示場は事務所の後ろになってしまいます。建物を壊して更地にして建て直すという方法もありましたが、コストや開店時期の問題もあって、それは難しいだろうと考えていました。

やはり、建物をショールームにして中古専門でいくしかないと思っていた矢先に、拓紀が「ここはアリーナ店にした方がいい」と提案してくれたのです。土地の形と建物をこのまま生かすなら、在庫の車を並べる必要のない新車ディーラーがいいのではないかということです。

結果として、アリーナ店としてオープンしたことは、当社が本格的な新車販売へとシフトしていく契機となりました。後に拓紀は「あれは運がよかったから」と謙遜しましたが、本当は彼なりの読みがあったのだろうと思います。拓紀を店長に据えたのは正解だったと思います。

拓紀はスズキでの新車販売の経験を生かして、新店舗で当社なりの新車の売り方を模索し、確立に努めてくれました。ここから当社の新車販売数は大きく伸びていくこととなりました。すると、その過程でお客様の層も少しずつ変わっていき、従来は来店いただけなかったお客様にも足を運んでいただけるようになったのです。

そこでわかったことは、新車をご購入いただいたお客様の方が、その後も点検や車検といった機会を通じて当社との接点が増え、絆も深められて、トータルで売上拡大につながるということです。

当社は、会員になると3年間は半年ごとの点検や車検の基本工賃、ワイパーやオイル交換が無料になるメンテナンスパックというサービスをかなり前から提供しています。これは、他社には真似のできない当社独自のサービスです。このサービスをご利用いただいているお客様は車の購入後も来店いただき、その後の取引にもつながるのですが、そうでないお客様はオイル交換も含めてなかなか来てくださらず、関係性をなかなか深められないというのが実情でした。

しかし、新車を購入されたお客様は、どなたもマメに来店してくださるのです。それもこちらが考えたスケジュール通りに、律義にメンテナンスに当社をご利用いただけます。お客様の中にはメンテナンスパックなどのメリットを求めて新車を購入する方も少なくありませんでした。

もともと軽自動車は利幅が非常に小さいのですが、中古車の場合ですと、1台数十万円の利益が出ることもあります。ですから、販売店としては新車は儲からないというイメージがありました。しかし、利益は売る時だけに出るわけではありません。お客様との信頼関係を結ぶことができれば、購入後であってもしっかり利益はついてくるのです。

こうして、新車販売のメリットが明らかになってくると、これが社内でも共有されて、会社全体で徐々に新車販売への苦手意識が払拭《ふっしょく》されていったように思います。その後も新車の販売台数は伸びつづけ、現在では6対4で新車販売が中古車を上回るまでになりました。

他店に学び整備で稼ぐ方法を探る

新車販売で手応えを感じられるようになると、車の販売時点で利益を上げることだけではなく、販売後にいかに収益を上げるかに関心が移っていきました。そこで、まず着目したのが整備です。

当社が指定工場を持つに至った経緯は前章で触れましたが、これまで整備部門を活用していかに稼ぐかといったことについて、本腰を入れて取り組んできたわけではありませんでした。もちろんすでに述べたように、過去には当社が「儲からない」ように「工賃半額」を打ち出して成果を上げてきたという歴史がありますから、この方針を変更するということではありません。つまり、整備などの作業そのものの利益率を向上させるということではなく、リピート利用を増やしてトータルで利益を上げていこうということです。

そこで、拓紀は自動車整備ネットワークのロータスクラブ（全日本ロータス同友会）に入会し、どのように整備で稼ぐのかを自ら学んできました。本人は整備士資格を持っているわけではなかったので、大変勉強になったようです。

また、県内で売上トップのスズキ副代理店が近くにあったのですが、拓紀はそこに出向いて、販売のコツをリサーチしました。その店の規模は当社とほとんど変わらず、チラシを配るわけでもないのに実績を重ねていました。何が違うのかと伺ったところ、「愛車無料点検」の実施件数が突出して多かったということです。当社が年間で200台ほどだった時期にその店は500台以上請け負っていたのです。

ただし、点検そのものによる儲けではなく、そこでお客様とコミュニケーションが取れることでつながりを深められる、それが一番大切だということでした。実際、その店では、無料点検の時期に一軒一軒お客様に直接電話をしてご案内までしていたそうです。リピーターを増やすにはイベントだけではなく、無料点検などをきっかけにお客様と直接、話をする機会をつくって関係を密にすることが重要なポイントだということです。

そこで、当社では独自のサービスであるメンテナンスパックをさらに強化しました。オイル交換の値段を下げるなどして近隣で最も安くし、お客様の呼び込みに力を入れたのです。また、毎年開催し実績のあった「創業祭」もさらにブラッシュアップして、アトラクションなどに新たな工夫を加えることで、お客様とのコミュニケーションを深める機会を増やすよう努めました。

こうしたさまざまなアプローチの結果、当社の点検数は右肩上がりで拡大していきました。現在では年間2500台を超えるところまできています。実に14〜15年で10倍以上に増えたということです。もちろんそれに伴ってお客様の数が増え、売上も伸びています。

現在の大創業祭。露店やアトラクションを増やし集客力の向上に努めている

リーマンショックを境に新車販売にシフト

さまざまな施策や工夫が功を奏して、その後の当社の業績はおかげさまで順調に推移していきました。そうした中、平成20（2008）年9月、リーマンショックが世界経済を揺るがします。これはアメリカの住宅ローンから始まった世界的な経済恐慌でした。

当初、日本へのダメージはそれほど

ではないと楽観視されていましたが、実際にはその影響は甚大で、日経平均株価はバブル後よりもひどい26年ぶりの安値水準を記録しました。世界的大不況を受け、自動車関連などの製造業を中心に非正規雇用者が解雇される「派遣切り」などが社会問題となりました。

しかし、自動車業界にとっては悪いことばかりではありませんでした。平成21（2009）年に国土交通省がエコカー補助金制度を立ち上げたことなどは、景気後退の中で業績回復への追い風にしようという試みだったのだろうと思います。これは環境性能に優れた新車の購入を促進して環境対策に貢献するとともに、国内市場の活性化を図るという目的で実施されましたが、期待以上に新車販売を後押ししてくれるものでした。

一方、この制度のおかげで、たちまち中古車は売れなくなっていきます。不動産同様、リーマンショックで中古車の相場が全体に下がってきたところに、さらに追い打ちをかけられた形です。同じ年に発表されたエコカー減税は中古車にも適用されましたが、ユーザーの関心は新車に集中することとなり、新車にとっては追い風となっていったのです。

このため、当時中古車を中心に扱っていた販売店は、新車を販売するノウハウや環境が整っていませんでしたから、非常に厳しい状況に追い込まれました。それを尻目に中古と新車の両方を扱っていた当社は、追い風に乗って新車を次々と販売していきました。これにより、中古車中心の営業からなかなか脱却できずにいた当社の営業スタッフは、新車を売る自信をつけることができたのです。リーマンショックを境に、当社にお越しいただくお客様の層が明らかに変わっていったように思います。

リーマンショックの3年後、平成23（2011）年3月11日に東日本大震災が発生しました。足踏み状態からようやく持ち直しに転じつつあった日本の景気は、再び大きく落ち込みました。

当社はというと、水戸桜の牧店が軌道に乗りつつあり、店舗スタッフもすでに7〜8人に増えていましたが、それでも店舗の規模や忙しさから考えるとスタッフの数はぎりぎりで、もう少し人数を増やし、売上を伸ばしていきたいと考えていました。さらに店舗拡大を目指すなら、本社の体制も整備する必要があります。

そこで、新店舗のオープンも予定していたため、社員募集をすることにしました。

ところが、これがなかなか集まりません。採用条件は決して悪くはないはずなのに、なぜ応募が少ないのか——。考えた末にわかったのは、会社の認知度が思いのほか低かったということでした。巷では「磯崎自動車工業」の名は期待していたほど知られていなかったのです。

ブランディングに注力し新卒採用にも挑戦

茨城の自動車販売業界では、「イソザキ」の名はそれなりに知られています。取引先や業界団体の関係者は、何かあるたびに「磯崎さん、磯崎さん」と頼ってくれます。しかし、他の地域、部外者から見れば、当社は町の車屋の一つにすぎないということでしょう。いわば井の中の蛙だったのです。採用活動を通じてそのことに改めて気づいた拓紀は、少なからずショックを受けているようでした。

今の時代は、企業活動を行ううえで認知度やブランド力が重要なポイントになります。これまでは本業に力を注ぐのに精一杯で広報的な取り組みにはいささか無頓着でしたが、これからは磯崎自動車工業のブランドを確立し、それを効果的に発信して認知を高めていかなければ生き残れないと再認識しました。

ここへきて、改めて企業としてのブランディングの必要性を痛感したのです。ただ、これまでの実績をベースにすれば「イソザキブランド」を確立し浸透させることは十分にできるはずだという思いはありました。具体的なブランディングの手法としては、地元のスポーツ団体とのコラボなどが効果的だと考えました。これについては次章で詳しくご紹介します。

そして、ブランディングを進める過程では、採用のあり方も根本から見直す必要があるのではないかとも考えるようになりました。

それまで当社では、即戦力として入社後すぐに活躍できる人材が望ましいとの判断から、中途採用のみを行ってきました。新卒は一人前になるまで時間がかかるので採用を控えてきたのです。しかし、豊富なキャリアがあり採用時に実力を見極められる人材を今まで通り獲得していく一方で、今後は新卒社員を定期的に採用して、会社の将来を託せる人材へと育成していく仕組みを社内に構築していくべきとの考えに変わっていきました。

そこで、平成24（2012）年、当社ははじめての大学新卒採用に踏み切りました。新卒の若者が茨城の車屋に来てくれるだろうかとの思いもありましたが、この年はリーマンショックとその後の東日本大震災の影響で採用を控える企業が続出したこともあり、これはという人材を採用することができたのです。この時、入社した大卒社員が、現在では第一線で活躍する人材に育ってくれています。

ここから徐々にですが、新卒の採用を増やしていくようになりました。数年前からは定期採用という形を取るようになり、新人向け研修のカリキュラムも充実させて育成にも取り組んでいます。

第5章

EV時代に躍進するための次なる針路

M&Aにより店舗や事業を拡大

長く中古車、そして新車の販売業に携わってきましたが、その間にも業界としての変遷、そして車についての流行《はや》り廃《すた》りもあって、そのつどいろいろな手を打ってきたつもりです。もちろん打つ手の多くが時流を逃さなかったために現在も会社が継続しているわけですが、「次の一手」に思い悩んでいるのは今も変わりありません。特に、車の業界は将来を予測するのが難しいのです。

平成27（2015）年、TAX（タックス）イソザキ日立滑川店がオープンしました。当社としては実質四つ目の店舗です。ここは、もともと中古車チェーンのTAXグループ加盟店でしたが、店を閉めるので売却したいという話があり、それを当社が引き受けた形です。企業戦略としてはM&A（企業の合併・買収）ということになります。現在、この店舗は新しく建て替え、最短45分の来店型車検の店として運営していますが、開店当時は自動車買い取り専門店という位置づけでした。

その後、しばらくして当社の外注先だった大型の車両板金塗装工場が廃業したので、そ

TAXイソザキ日立滑川店

こを買い取り、工場施設をひたちなか市栄町に移し、平成30（2018）年には本格的なB・P（板金塗装）センターをオープンしました。令和3（2021）年5月から、ここは新たにフランチャイズのカーコンビニ倶楽部の店舗として運営しています。

日立滑川店のオープンによって弾みがつき、その後、当社は次々と店舗数を拡大することになりました。令和に入ってからは、令和元（2019）年に北茨城の自動車整備工場をM&Aで身受けし、スズキアリーナ北茨城東店を設立しました。翌令和2年には自動車販売店の空白地帯であった鉾田に軽自動車とコンパクトカーの専門店を新規にオープンしました。

現在、当社には、スズキアリーナ正規デ

スズキアリーナ北茨城東店

イーラーを含め、六つの店舗があります。店舗が増えた分、スタッフの人数も増え、今では社員60人以上の大所帯となりました。社員たちの頑張りとチームワークのおかげで、10年以上にわたって茨城県でスズキ車販売ナンバーワンを誇っています。

また、長男の拓紀が入社した頃は小型車の販売は年間30～40台ほどでしたが、20年経った現在は１３０～１４０台と大幅に増えています。売れ筋は、やはりソリオとスイフト。何度もモデルチェンジをし、価格もアップしていますが、今も人気は衰えていません。当社が３００万円という価格帯の新車を次々と販売することができるとはアリーナ店をスタートさせた頃は考えてもみませんでした。メインの軽自動車も順調

令和4年度の全社員大会。60余人の社員が一堂に

で、年間の販売数は500台ほどになっています。

また、年間約2500台に達した無料点検もさらに増えつづけています。

会社としての売上も十数年前までなかなか10億円の大台に届きませんでしたが、令和4年度には29億円を突破しています。茨城の販売店では、常にトップを維持しており、ここにきてさらに勢いを増してきていると感じています。

EV化の進展と今後の経営戦略

今、時代は大きく変わろうとしています。

国連が掲げているSDGs（持続可能な開発

令和5年の「スズキアリーナ店副代理店大会」では拓紀社長が乾杯の大役を務めた（右端はスズキの鈴木修相談役、左端は同鈴木俊宏社長）。この年、全国3700店中で17番目の販売台数を記録した

目標）という言葉を引き合いに出すまでもなく、自動車業界も健全な地球の未来のためにCO_2削減など環境に負荷をかけない車を開発し、社会に広めていかなければならないというのが共通認識です。ここへきて自動車メーカーもEV（電気自動車）に舵を切らざるを得なくなっています。

　こうした動きは当初の予測を超えたスピードで進んでいるため、5年後、いや3年後の変容ぶりさえ見えてこないのです。

　日本政府は2035年までに新車すべてを電動化するという方針を示しています。こうしたEV普及への動きは世界的なもので、まず小型車からその動きが進んでいるようです。これは日本も同様です。三菱自動車と日産自動車は、すでに令和4（2022）年に軽EVを発売。スズキもEV車へのシフトに動き出しており、令和5年度には軽EVを発売する予定です。国内の大手8社のうち5社がEVを販売することになります。

日本における乗用車の電動化で、その普及のカギとなるのは軽自動車であるという見方が広がっています。

EVにおいても航続可能距離はガソリン車と同等の600キロメートルが理想的とされていますが、現状、一回の充電で走行できる距離は450キロメートル程度です。ただ、軽EVであれば、軽自動車と同様にちょっとした買い物などで日常的な「足」として利用されることが多いでしょうから、ガソリン車ほどの航続距離は求められていないとも思われます。そうなると、現在の技術水準で判断すれば、今後は軽を中心としたEVの普及がスピードアップしていくものと予想されるわけです。

こうした短い航続距離で十分という意見に従えば、電池の重量を軽くすることで低価格化が進みますし、さらには充電器さえあればスタンドなどへ行く必要がなくなり、家庭での充電も一般的になっていくと考えられます。そうなるとライフスタイルまでも変化していくかもしれません。

この低価格化に加え、さらに購入のハードルを下げるさまざまな動きがあります。政府のＥＶ補助金が増額されましたし（２０２２年末でいったん申請終了となりました）、東京都など自治体が独自の補助金を設けています。三菱などは補助金によって購入者の負担額が２００万円を切るぐらいの価格設定にしており、各社の価格競争もさらに進んでいくことになりそうです。

スズキもかつてはアルトで驚異的な低価格を実現し、大ヒットさせました。鈴木俊宏社長は日本経済新聞のインタビュー（令和４年４月15日）で、「アルトの原点に戻らないといけない」と語っています。スズキは初代アルトを47万円、９代目でも94万円に値付けし徹底した低価格路線を守ってきました。その後、軽自動車が機能を増やしていった結果、小型車の縮小版になってしまったことを憂いていて、この軽ＥＶにおいて改めて初期の軽自動車の魅力を考え直すべきとも述べています。高性能にしてコストが高くなったものより、普通に近距離移動ができて充電も支障がない程度であれば十分だということです。

また、スズキでは中国の格安ＥＶ「宏光ＭＩＮＩ」を取り寄せてじっくりと研究し、コストを下げる方策だけでなく安全性についても重点的に検討しているようです。安くても安全性を危惧させるようなものであるなら、製品として及第点は与えられないということなのでしょう。

一方では、ともにＥＶ開発では後発の軽自動車におけるライバル、ダイハツ工業とのＥＶにおける連携も噂されています。軽自動車におけるノウハウを生かしながらの軽ＥＶ参入ということで、さらに期待は高まります。

こうしたスズキの過去の実績と現在の動きを踏まえて、軽ＥＶでは一層の低価格を実現できるのではないかと注目されています。私たちもそこに期待しているので、ぜひともこの分野で躍進してほしいところです。

経済産業省としても小型車からＥＶが増えていく可能性が高いと予測していて、ハイブリッド車が定着した日本でもＥＶ観が変わっていくことも考えられる、としています。

ですから、自動車販売業においても、今後はいかに速やかにＥＶにシフトしていけるかが各店の腕の見せどころといえるでしょう。販売店としては、特にメンテナンスの部分が心配ではあるのですが、当社はお客様との接点を少しでも多くつくって、さまざまなニーズに応えられるように対処する心づもりです。

その手始めとして、令和４（２０２２）年12月にグランドオープンした新しい社屋に太陽光パネルを設置し、１００パーセント再生可能エネルギーでＥＶに充電できるシステムを導入しました。そして今後のＥＶ化へのさまざまな対応に備え、テスラや三菱などのＥＶを社用車として買い入れて研究を始めました。店の駐車場には急速充電器も設置する予定です。

全国でガソリンスタンドが減少しつつありますが、EVならスタンドの所在を気にすることもなく走行できます。充電器があれば、家庭でも充電できますし、CO_2削減にも貢献できます。毎日の買い物など近場の移動なら、むしろ軽EVがお勧めでしょう。世界的な資源高騰でガソリンの価格が高くなっていることも、EV購入の追い風になっています。

このようなEVのメリットをアピールしながら、当社もEVの拡販に力を注いでいくつもりです。

地域、そして社会に貢献する企業を目指す

磯崎自動車工業が長年にわたり軽自動車にこだわってきた理由の一つに、当社が地域密着型の販売店であることが挙げられます。交通の便がよくない地域で人々が快適に暮らすには、公共交通以外の移動手段が必要であり、気軽でリーズナブルな普段使いの軽自動車の果たす役割が大きいのです。

どの地域も同じような状況だと思いますが、茨城県もバスや電車など公共交通が減便に

なったり路線が廃止になったりしています。当社が事業を展開しているひたちなか市を中心とするエリアも決して交通の便がいいわけではないので、日常の足として車は不可欠になります。まずはそれを提供しつづけることが、当社が地域で第一に貢献できることであると考えています。

誰しも自分が生まれ育った土地には愛着があります。多かれ少なかれ、故郷のまちに貢献したい、快適なまちになってほしいという気持ちがあるのではないでしょうか。私もこのひたちなか市が生まれ故郷であり、磯崎自動車の出発点でもあるので、本業以外でもできる限り地域のお役に立てるよう努めてきました。

近年は商工会議所などの役員として少なからずまちづくりにも携わってきましたが、具体的に地域貢献をしようと考えたのは半世紀近くも前のことです。

ひたちなか市には、ひたちなか海浜鉄道湊線という、勝田駅から旧那珂湊市街を経由して海岸沿いを阿字ヶ浦駅まで結ぶ路線があります。かつては夏になると旧国鉄（現ＪＲ東日本）からの海水浴列車が乗り入れて賑わい、那珂湊駅などは、数々の映画の舞台にもなりました。

昭和50年代半ば、この沿線の老朽化した駅舎が改修されることになりました。地元のロータリークラブやライオンズクラブは、改修のための寄付を申し出ました。そこで、私も

かつて国鉄が乗り入れていた旧阿字ケ浦駅

磯崎自動車として寄付をしようと思い立ったのです。当社が法人化して数年経った頃のことで、会社はまだ軌道に乗っているとはいえない段階でしたが、私としてはこの地域にしっかりと根を下ろすぞ、という意志表示がしたかったのです。

以来、当社はさまざまな機会を捉えて、地域貢献、社会貢献に努めてきました。まちのイベントや地域美化清掃活動などのボランティアに積極的に参加する一方、当社としてチャリティイベントなども開催するようになりました。車関係では、交通遺児育英会寄付活動にも参加しています。

平成23（2011）年3月に発生した東日本大震災では、茨城県の沿岸地域も大きな被害を受けました。津波に車が流されてしまったとい

東日本大震災で甚大な被害を被ったひたちなか海浜鉄道湊線

「おらが湊鉄道応援団」による活動で集まった義援金を手渡す
（平成23年4月25日）

うお客様も少なくありませんでした。そういった方々を少しでも守りたい、支援したいということで、社員たちは自らも被災者であるにもかかわらず自発的に出社し、お客様のサポートやボランティア活動に精を出してくれました。

この震災は、交通インフラにも大きな被害を及ぼしました。ひたちなか海浜鉄道湊線では線路が津波の影響でところどころ波打つように曲がり、電車は運休を余儀なくされたのです。これを目の当たりにした当社の社員たちは、すぐさま「おらが湊鉄道応援団」を結成し、地域の一員として復旧に向けて義援金活動をスタートさせました。湊線は同年7月23日に全面開通しました。

さらに震災で中止になっていた那珂湊の商店街エリアの「ドゥナイトマーケット」も震災1カ月後の4月に再開しました。当社は地元を盛り上げようと、この夜市に参加。露店を出しました。街は少しずつ活気を取り戻しつつあるようで、当社も微力ではありますが復興に携わることができ、地域とともにあることの大切さを社員ともども実感しました。

現在は、主に地域のスポーツ振興に関わっています。私も拓紀もスポーツ好きなので、地元のサッカーや野球、バスケットボールなどのチームを応援することは楽しみでもありますが、同時にそれは広報活動、当社のブランディングの一環としての意義も非常に大きいのです。

具体的な活動内容としては、勝田全国マラソンへの車輌提供、そして独立リーグのプロ野球チーム「茨城アストロプラネッツ」、プロサッカークラブ「水戸ホーリーホック」、プロバスケットボールチーム「茨城ロボッツ」、ジュニアユースサッカーチーム「ＦＣ ＶＩＡＬＡ水戸」などへの協賛です。地元スポーツの人気を高めることは、地域の活性化にもつながります。

チームのスポンサーになることで、当社の名前を付けた冠試合を行う機会もあります。その際には招待券を当社のお客様に差し上げて、当日は応援に加わっていただくなど一緒に試合を盛り上げています。

サッカーの試合ではエスコートキッズといってチームの入場時に選手と手をつなぐ子どもたちが登場しますが、これにお客様のお子さんたちに加わってもらっています。これが地域のスポーツを知ってもらう契機ともなります。プロスポーツを地域に浸透させていくのはなかなか難しいので、そこは逆に私たちが後押しをしていくことになるわけです。

長くスポーツ振興に携わってきたことで、当社への学生の認知も向上しているようで、採用活動の場でもそれを実感できます。協賛しているチームの活躍には今後も大いに期待したいところです。

車輛提供をしている勝田全国マラソン

茨城アストロプラネッツの特別協賛試合にお客様、ご家族を招待

茨城ロボッツのスポンサーゲームでMVPを表彰

水戸ホーリーホックのサンクスマッチで子どもたちに
エスコートキッズを体験してもらう

45年目の社長交代

平成29（2017）年11月、創業45年を迎えたところで、私は経営の第一線から離れる決意をし、社長を辞して代表権のある会長に退きました。そして長男の拓紀が代表取締役社長に、次男の充宏が常務取締役に就任しました。

社長を退任。将来を長男・拓紀に託す

社長交代の最大の理由は私自身の健康問題で、おかげさまで現在は回復しましたが、当時は経営者としての激務に耐えられない状況になっていたからです。そして一方で、70歳を迎えたこともあり、そろそろ会社の切り盛りは次の世代に託そうという気持ちになっていました。

拓紀に会社の舵取りを任せて5年

が経過し、つい口をはさみたくなる場面も実際のところあるのですが、会社を変えようと本人なりに真摯に取り組みつづけ、新しい成果も出てきています。

その一つが採用・人材育成です。前述したように近年は新卒採用に力を注ぐ一方、研修制度の充実にも努めています。

新入社員の研修では、持続的な成長をサポートすべく先輩社員とペアを組んで、ともにスキルアップを目指す「ブラザー・シスター研修制度」を設けました。入社後5カ月間はジョブローテーション研修が行われ、さまざまな部署や職種を体験することで会社のしくみや仕事の流れを理解してもらいます。

また、職業上リーダーシップが必要とされる社員に対しては、知識やマネジメントスキルなどを習得するための研修も行っています。当社は保険商品も扱っているので、自動車保険をはじめ、傷害保険、火災保険、医療保険、生命保険など各種保険セミナーも定期的に開催しています。

平成31（2019）年からはキャリアコンサルティング制度も導入しました。年2回、人事評価の際に上司と面談し、キャリアアップについて話し合い、確認します。本制度は、社員一人ひとりが働き方を考えるきっかけにもなっています。さらに当社では、顕著な実績を挙げた社員をはじめ、社員投票により社員がリスペクトする社員を選出し、その人物を表彰するなど、当社ならではのユニークな試みも実施しています。表彰者には会社から豪華商品も贈呈されます。社員のモチベーションアップは、企業全体の意識向上にもつながっているのは言うまでもありません。

さらに新たな取り組みとして、次世代の経営者育成を目指して「イソザキアカデミー」という社内アカデミーをスタートさせました。これは一般の社員にも経営者としての感覚を養ってもらいたいという意図から始めましたが、ゆくゆくは当社の店舗を独立採算で運営できるようにして、実際にその店舗の経営を任せる方向にもっていけたらいいと拓紀は考えているようです。当社の原点に立ち戻って、まちの車屋をたくさんつくる、というイメージでしょうか。参加費は無料にして、月2回、午後6時から9時まで実施していますが、各店の店長から一般社員まで13人ほど参加しています。

また、当社では福利厚生でも時代を反映させた取り組みを行っています。社員の家族、二親等までの所有車のメンテナンスや車の購入に際して優遇する制度を設け、車検なども格安で受けられるようにしているのです。

これについては、当社の従業員の父親など親族が別の店に車検を出しているという話を耳にして、それならせっかく息子や娘が当社に勤めているのだから、当社でリーズナブルに受けられる仕組みをつくった方がいいだろうということで始めました。一家で複数の車を所有している場合、入社から定年までの年数でかかる費用を比べると、数百万円から1000万円を超える額を節約できる可能性があるのです。

この話を会社説明会などでしますと、実感として理解できるだけに学生たちにはとても響くようです。

次代の磯崎自動車をどう築くか

令和4（2022）年10月、磯崎自動車は創業50周年を迎えました。

他の経営者が見ればいささか奇抜に思えるやり方だったかもしれませんが、自分なりの信念を貫きよかれと思ったことを突き進めてきた半世紀でした。その思いを引き継いでくれた拓紀が、これからのイソザキをさらに発展させる拠点として構想した新社屋もこのほど完成し、次の50年に向けての新たなスタートを切れたのではないかと思います。

今後の販売戦略については、やはり従来通り軽自動車を軸としていくという方針をブレずに堅持していくのがいいと私は考えています。これは拓紀も同様の考えだと思います。

最近は車に乗らなくなった、車を買わなくなったという声を耳にしますが、茨城県内を

磯崎自動車工業新社屋

50年間の感謝を込めてカラー広告を新聞に掲載

見る限り、特に女性の間ではまだまだ車が移動手段として利用されているように感じます。むしろ男性の方が車を買わなくなっているのかもしれません。

また、車に対する好みも女性の方がはっきりしており、やはり軽自動車を選ぶことが多いようです。男性は何でもいいよという人が大半ですが、女性はこの車に乗りたい、これを買いたいとターゲットが明確なのです。形がどうで色がどうで、と絞り込み、メーカーにしてもスズキのこれ、ダイハツのこれと、好みがはっきりしているのです。その意味では、これからも車の市場は女性のお客様が牽引していくのではないかと感じています。

移動手段の一つである車は、特に地方で

はバスや電車と同じく、地域にとって重要な交通インフラです。ですから、他企業が休んでいても私たちは休んではいけない、当社の社員はそのくらいの気概をもって仕事に当たってほしいと常々話してきました。これは冗談のように聞こえるかもしれませんが、この地域は被降雪地帯のため雪は降らないにもかかわらず、当社の社員は万が一、雪が降った場合にも出動できるように車にスタッドレスタイヤを履かせているのです。

また、地域における当社の位置づけを考えてみますと、磯﨑自動車は、自動車販売や修理などの事業をメインにして、地域密着志向のトータルカーディーラーとして、ここまで成長してきたといえます。そんな当社の使命はというと、車を通して地域の発展に尽くすということでした。しかし、今後は拓紀が考えているように、お客様のニーズ、地域のニーズに応えて、「車を超えたコミュニケーション」で地域とつながっていく方向が望ましいかもしれません。そう考えると、当社の守備範囲はこれからどんどん広がっていきます。

設立当初から経営理念として私が一番に掲げてきたのは、「顧客の創造」ですが、この顧客というのは、自動車販売だけでなく、イソザキという企業にとっての顧客でなければなりません。これからもこの理念を忘れず、当社は車のサービスにとどまらず、お客様の生活の中でのさまざまなニーズに応えていくというスタンスを取ることが望ましいと思います。

今、新企画を担うスタッフがハウスメーカーとコラボして住宅販売をしようと構想を練っています。住宅の紹介などを行い、それがまた車の顧客になってくれればいい。ショールームが単に車の販売だけに使われるのではなく、いろいろなサービス、いろいろな業種の人たちをつなぐハブになっていけばいいかもしれません。

また、地元茨城県の魅力を掘り起こして、たとえば、干し芋やイチゴ、メロンなどの特産品をイベントでの販売・賞品、あるいは車の、そして住宅成約時のプレゼントなどに活用して地域おこしの一つにしようという提案もあります。茨城には他に誇れる農産物がたくさんあるので、それも生かさない手はないということでしょう。

さらに、生命保険の営業にも新たに取り組みはじめました。車の販売と生命保険の営業とはアプローチの方法などに通じるところがあるので、車をお勧めするプロセスを生かして保険のご提案もできるのではないかと考えたわけです。

これ以外でも、保育や介護、リフォームなど多岐にわたる分野でさまざまなニーズをすくい上げ、地域の活性化につながる事業を計画しています。

このように次から次へとアイデアが誕生しているので、社内はかつてなかったほどの活気に溢れています。

こうした事業の多角化を効果的・効率的に進めるために、このほど当社はホールディン

孫に囲まれて

グス制を採用することになりました。新たに株式会社ＩＳＧホールディングスを立ち上げ、今後は同社の傘下という形で、自動車関連にとどまらないさまざまな事業を展開してまいります。

　もちろん、車はこれからも地域を支えなくてはならない交通インフラであることに変わりはありませんので、今後も当社の事業展開の基軸と位置づけ、地域での役割を果たしていきたいと考えています。

　とはいえ、今後ＥＶや自動運転が普及していく過程で、まちの自動車販売店の事業のあり方は大きく変貌を遂げていくことになるでしょう。現在、販売、整備、車検、板金塗装などが当社の事業の中心を占めていますが、10年後、15年後にどう変わっているか――。これは誰にもわからないと思います。ですから、私たちは時代の流れに則して、お客様のご要望やニーズをしっかりと受け止め、経済や環境の変化を見極めながら、進むべき次の針路を探っていくべきだと思います。

これからは若い社員たちが新たな気持ちで磯﨑自動車を支え、盛り上げてくれることでしょう。不確実、不確定な要素が多く先の見えない時代だからこそ、私はそこに無限の可能性が秘められていると感じています。

会長×社長対談

磯﨑 孝
代表取締役会長

何を受け継ぎ、何を新たに生み出していくか

磯﨑拓紀
代表取締役社長

未来に向けて〝みんなの会社〟に

――「50周年」という節目の年に、磯崎自動車工業の新たな拠点となる新社屋も完成しました。今のお気持ちはいかがでしょうか。

会長 この新社屋については、どちらかというと社長が中心でつくったものですから、社長から話をした方がいいでしょう。

社長 新社屋には50年目の「締め」という意味を込めました。会長が創業から築いてきた事業の集大成でもあり、私にとっては新社屋をつくったことで新たなスタートが切れたという気もしているのです。

会長 社長は今、42歳だよね。実は、私も42歳の時に社屋として中古ビルを買ったんですよ。平成元（1989）年のことです。考えてみると、同じ年齢で同じことをやっているんだなあ、と。私の場合は銀行から借金をして、ビルを1億2000万円で購入。そのまま じゃ社屋として使えなかったから8000万円かけて内装などを直したんです。

当時は売上が5億円ぐらい。銀行には3年計画で返済するといっていたけど、信用していなかったのか、毎日のように銀行の支店長がうちの仕事ぶりを見にきていました（笑）。結局1年で売上を5億円から8億円にして、3億円上積みできたものだから支店長も驚いていましたね。

社長　いろいろなことがあった50年ですから、振り返ってみると私などより会長の方がよほど達成感みたいなものがあると思うんです。その区切りとしても新社屋は必要だったという気はしています。

この新社屋のコンセプトは、社員が安心して快適に働けるということです。お客様にとっての快適さも大切ですが、まず社員がワクワクしながら楽しく過ごせる空間をつくる、それが一番のテーマでした。そのため個別の部屋やテーブルをなくし、机も固定せずにフリーアドレスにしました。私の部屋も半分は会議室と応接室になっていたり、私がいない時には社員たちが普通に作業に使ったりしています。こうしたことは会長にも協力をお願いして形にしました。

会長　私がとやかく言うことでもないし、新しい試みということには大賛成です。それが新しい展開を生んでいくでしょうしね。

社長　正直に言って新社屋にそれだけコストをかけるというのは、やはり大勝負だったんですよ。でも、これが本社だということもあり、できてみると社員採用などにずいぶんと

会議室や応接室にもなる社長室

オフィスにはフリーアドレスを導入

役立っているのは確かです。茨城県の企業として、なかなかこういう雰囲気の社屋はありませんから。

会長　その点は私も評価しているんです。社長としては新社屋だけでなく、会社の運営についても自分の方向性を出しているわけだよね。

社長　はい。50周年を機にホールディングスを設立して、これからはグループとしてさまざまな事業を加速度的に成長させようと思っています。これは今まで家族経営的なところでやってきたのを、未来に向けてもう少し広がりのある〝みんなの会社〟という形にしたいということです。

これまで磯崎自動車のほかに、別会社としてはハピネス・アイという生活総合サービス事業を行う会社があるだけでしたが、今回、生命保険会社を磯崎自動車から分社する形で立ち上げることにしました。その新会社では私ではなく別の人物が社長に就きます。

これからはそのようにグループの中に社長がたくさんいるような形にしたいという希望があるんです。一族経営の特徴は一族じゃなければ社長になれないということだろうと思います。そうではなく、努力次第で誰でも社長を目指せる、そういう会社にしていきたい。みんなの目標が社長になることだったら、それはとても夢がありますよね。

――そのこともあって、「イソザキアカデミー」のような社内研修をスタートさせたので

すか。

社長　そうです。ホールディングスの構想段階から2年制の社内大学みたいなものをつくりまして、外部から講師を呼んでＭＢＡ（経営学修士）プログラムのさわりを学ぶような勉強会を始めたんです。参加費無料で、月2回、夕方6時から9時までの3時間。指名制ではなく希望する人には受けてもらえる形にして、費用は全額会社負担だけど残業代は出さないよ、と（笑）。今は13人が勉強しています。参加したいと手を挙げるのは7〜8人ぐらいかと思っていたところ、2倍もの社員が参加してくれて、ある意味で心強いと思っています。

会長　心強いというのは、やはり会社としての活力が感じ取れるからだろうね。社員一人ひとりのやる気が会社を支えていくわけだから。

社長　そうです。社員が自分たちの目標や夢を見つけられるというのは、事業を行ううえでとても大切ですよね。

会長　とにかく挑戦することに意義があるので、常に前進していくためには挑みつづけないといけないんです。それも夢ばかり膨らんで現実味のない話ではなく、きちんと道理をつけて実行していく。そこだけしっかり押さえておけば、私としても反対する理由はありませんよ（笑）。

そもそも、新しいことにチャレンジしていくというのは私が社長だった頃も同じ。そういう歴史の積み重ねなんです。会社が家族的な経営になるというのは、スタートした頃は当然そういうものだよね。社員も少ないわけだから。それがどんどん大きくなっていって、事業によっては分業化していったりする。それも時代のニーズに応えるためですよ。

今後、車屋がこのまま同じような業態で進むとは思えない。日本の自動車産業というのは峠にさしかかっているので、どういうものが残っていくのかも見極める必要があります。ディーラー系が残っていくのかどうか。そうした中で保険の分業化も含めて、一つのことをやればいいというわけではなく、いろいろなことを総合的にやっていかなければならないでしょう。それが大事なことだろうとは思っています。

〝遊び〟の要素をうまく取り入れる

社長 会長としては50年という節目をどう感じていますか。

会長 昔の手帳などを見返していると、本当にいろいろなことをやってきたなと思うね。板金から始まって、次に販売に乗り出したり、軽自動車一本に絞ってみたり。そのつど、自分としては常にこのままでいいのかと考えに考えての決断だった。これから何が必要なのかを考えて、それに対応していける選択をすることが一番大切だと思っているんです。

他にもサッカーチームを応援したり、社内でも野球だとかボウリングだとか、社員だけでなくお客様も集めてやったりした。こうしたことは、いつの時代にも望まれていると思うんだよね。

社長 私も振り返ってみると、会社の中に野球チームをつくったり、お客様を招いたボウリング大会があったり。あと、ゴルフコンペなどは早くから開催していました。今から思うと、会長自身が遊ぶのが好きで始めたんじゃないかな、と（笑）。

会長　遊びは大好きですよ。それは当たっている。

社長　それは私も同感なんです。私も運動は好きなので社内でもやったりしていました。そこにお客様を巻き込んで、お客様も含めたファミリーのような感覚でイベントをやっていくというのは、会長が築き上げた企業文化ですね。イベントの時などは、きっと会長が一番楽しんでいたはずですよ。

会長　自分が楽しめないと他人も楽しめない。

社長　そこは私も似ていると思っています。自分自身が最も楽しんでいることがそのまま事業になっていく。もちろん、大変なことや厳しいこともたくさんあるのですが、それだけでなく楽しいから続けられるという部分も大きい。会社が行うイベントというものも、本来そこからきているんじゃないかなと思います。気がついたら、私も同じようなことをしているんですよ（笑）。

会長　そうだろうと思います。意外と傍から見たら商売にならないようなことをお客様と一緒に一生懸命にやってきたものね。

社長　私も就職して同じ業界に入った時、うちはやっぱり他と違うことをやってきたのだなと実感しました。それは、ファーストペンギン（群れの中で最初に行動を起こす1羽のこと）ではないですけど、最初にやるというのは一種の強さを持っていたと思うんです。

　そして、その裏側には、当社の経営理念である「顧客の創造」というものがありました。この、お客様を創りつづけるという理念があったからこそ、思い切った展開もできたのでしょう。これはサービスでも何でもそうですが、ずっと同じことをやり続けていくとお客様は飽きてしまう。常にちょっとずつ変化をつけていかないといけない。変化することでお客様がまたその会社を選んでくれるんです。
　そういう会長の方針を守ってきたせいか、変わったこと、新しいことをやるというのがうちの基本姿勢になっているんです。だから、新しいことに挑戦することに不安を感じるというよりは、新しいことをやらないでいることで感じる不安の方が大きいんですよ（笑）。
会長　「顧客の創造」というのはかなり古く

第118回イソザキチャリティーゴルフコンペ
（令和4年11月11日）の抽選会で
新車のアルトを引き当てたお客様と

から実践していましたね。これは、どうやってお客様に店に来てもらえるかだけでなく、いろいろなことをどうやってお客様に考えてもらうかということなんです。その意味では、「顧客の創造」というのは会社とお客様との行き来、お互いに考えさせられる関係でないといけない。お客様も考える、会社の側も考える、それで初めて「顧客の創造」がなされるんじゃないかと思っていました。

そこで、商売に役立つという以前に、相互に考えを深められるようなことならどんどん実行に移していったわけです。

いろいろなことをやってきましたね。いろいろな〝遊び〟も取り入れた。先ほど社長が言ったように、私が好きだったからでしょう。好きだから遊びたいと思う。仕事も大事、遊びも大事。よく遊んで、よく仕事をして、そしてよく考えていく。そういうサイクルが大切です。

会社というのは、仕事、仕事と追い立てていってもなかなか伸びません。やはり遊びの要素をうまく取り入れていかないと。「顧客の創造」ということには、そうした意味合いも含まれているんです。

社長　創業祭でジャンケンに勝ち抜いたお客様に3万円で中古車をご提供する「ジャンケンポン大会」も早くからやっています。

会長　そうそう、「ジャンケンポン大会」は早かったね。最初が昭和50（1975）年。それからずっと続いている。続けるというのも大事なことなんですよ。それだけ望まれているということだから。

社長　ゴルフコンペも長いこと続いている。

会長　初めの頃は年に6回やってましたからね。2カ月に1回です。ゴルフ場を予約するのが大変だった。それが五十数回目の時にゴルフ場を取れなくて、それじゃあ年に2回にしようとなったんです。そこからさらに続けてきた。

社長　それが、まもなく120回ですからね。

会長がいるから思い切った勝負に出られる

――ここで社長交代についてお聞きしたいのですが、会長はどのような思いで社長を退任されたのですか。

会長　私はちょうど70歳で、もう交代しようとは思っていたんです。45年やったから替わってもいいかな、と。それから5年で50周年を迎えたことになります。

社長　あと、会長が病気をしたことも大きな理由ですね。

会長　そうそう、大きな病気をしているんです。がんを4回やっている。嘘だと言われるけど、本当のことですよ。1回でも亡くなる人はいるのに、4回もやって生き延びてこれたのは、主治医の先生にも感謝しているし、あと運がよかった。早期発見のがんが多かったということもあります。

社長　56歳が最初でしたね。

会長　そうだね。2回目は発見が遅くてすでにステージ4でした。これはダメかなと自分でも思いましたもの。病院に行ったら、すぐに入院しろと言われた。仕事があるから4～5日待ってもらってね。オークションをやらないといけなかったので、それをやってから入院しました。これが東日本大震災の年だったから、私が63歳の時かな。

社長　あの時は腹が痛い腹が痛いといって、草津温泉に行ったら少しよくなって、その後にセカンドオピニオンで、やっぱりがんだと診断されたんです。悪性リンパ腫でしたね。

会長　もう、どうしようもない感じだった。

社長　私も主治医に呼ばれて説明を受けました。先生も深刻な顔をして、ちょっと難しいということを話された。さすがにこれはショックでしたね。

私がまだ専務になってすぐでしたから、覚悟も決まっていません。会社の経理もわからなければ決算書の見方もわからないという状態です。いよいよ自分が跡を継がなければならないかもしれないということで、慌てて勉強を始めたんです。これが初めて会社の経営を意識した時かもしれませんね。

その後に元気になって復帰して、会社も40周年を迎えることができました。このまま元気でいてくれたら50周年を迎える頃に社長交代になるのかなと、自分としては思っていました。

ところがまもなく45周年というタイミングで、今度は言葉がだんだんと出ないようになってきたんです。病院に行ったら脳梗塞と診断されました。その時、45周年という中途半端な時期ではあったんですが、ここで社長は交代しようということになったわけです。

私としては、その前の会長が入院した段階で後継者になることを強く意識して、準備に入ったことがよかったと思っています。それまで経営判断が必要なことはすべて会長――当時は社長でしたが――任せだったのを、少しずつ自分でも販売施策やイベントなどを取り仕切るようになっていきました。それで仕事を覚えていったところもあります。

会長がいるから思い切った勝負にも出られるということもありました。今もそうですけど、後ろに控えていてくれるだけで、いろいろなことを試したりチャレンジしたりできるのです。これは自分が社長になってみてわかったんですが、経営者というのはすぐに守りに入りたくなるものなんです。それを攻めていけるのは、やはり会長の存在が大きいんですよ。それは確かです。

会長　やはり準備期間というか、助走期間が必要だったのかな。その間に今やっていることなども考えるようになったんだろうね。

社長　もちろん自分が社長になったらこういうことをやってみたい、こういうところを変えてみたいというようなことは考えていました。現場にいたので現場の声を聞きながら、社員の思いを形にするにはどうしたらいいか、と。

たとえば、思い切って定休日を増やしたりしたのはそうした変革の一つです。今の働き方に合わせて、労働環境などは大きく変えていきました。これなど、昔の職場の感覚からすると考えられなかったことでしょう。長時間働くことがよしとされていた時代でしたから。でも、今は世の中の価値観や規範が変わってきて、企業もそれに合わせなくてはならない面もある。そのおかげで、採用がしやすくなってきました。私が社長になってから増えたのは売上よりも社員の数でしょうけれど（笑）。

会長　新しい取り組みについては社長からそのつど、報告を受けています。とにかく経営を任せたのだから口出しはしないようにしていますけど、やはり見ていても不安ばかり（笑）。これはダメ、ここはおかしいと言いたいことは山のようにあるんですけど、ひたすら我慢している。自分を褒めてやりたいぐらい我慢しています（笑）。任せておきながら口出ししたら、それは意味がないと思っているので。

社長　5年経ってみてどうですか。少しは成長しましたか。

会長　事業形態を変えるということに関しても、それはそれで私も反対ではないし、うまくやっていけばいいんじゃないかと思っています。ま、頭でっかちな部分があるから、そこは気をつけた方がいいよね。

社長　厳しい意見も聞きながら、それでも変えるところは変えていくつもりではいますけど（笑）。ただ、やはり社員があっての会社だとは思うんですよ。

会長　そうだね。社員が気持ちよく働いてくれないことには会社は回っていかない。

社長　今回の本社建て替えも、新入社員などが大勢入ってきて、そういう人たちのために決断したということもあるんですよ。前の社屋はまだ使おうと思えば使えたんです。あと10年は使えたでしょう。ただ10年経つと私も50歳になってしまうので、その時点で新しい社屋を建てようという気力がなくなっているかもしれない。ちょうど50周年だということ、そして社員に頑張ってもらいたいという思いがうまく重なり合って、それで決断した感じですね。

会長　私が42歳でビルを買って社屋にした後、売上を一気に伸ばした。あの時も、社員旅行でグアムに行ったんです。あれも社員に対する感謝の気持ちからですよ。

社長　そこから海外への社員旅行が始まった。

会長　あの時、20周年だったのかな。それもあってグアム旅行に行こうということになった。とにかく売上が伸びたら、社員に還元していきたいと思ったの。たとえ社員十数人であっても、きちんと還元したかった。

社長　会長もグアムに行きたかったんでしょ？

会長　それはそうだよ、私も行きたいから決めたんです。でも、みんなの意見も聞いたんだよね。グアムに行きたいか？　行きたい。それで決まり（笑）。

社長　でも、社員旅行は海外へ、となれば、モチベーションが上がりますね。

「車を売る」から「顧客を創る」へ

――社長は経営を引き継がれて、売上を伸ばすため具体的にはどんな取り組みをしてこられたのでしょうか。

社長　やはり出店のチャンスがあれば、それを見過ごさずに思い切って打って出るということを繰り返してきたことでしょうか。本当に社長になってからは毎年新たに出店している感じです。新店舗をどんどん出して、それで伸びてきたということですね。まだ開いたばかりのところも多く利益の回収はできていませんが、これから伸びていくはずです。その集大成が新社屋だった。
とにかく資産も増えて、それとともに負債も増えましたけど（笑）、一番の資産は社員がたくさん入ってくれたこと。これが何物にも代えがたい、一番大きな財産かもしれません。

会長　そのために社長は採用に力を入れている。そのあたりも、私の時代とは違ってきているよね。

社長　はい、私の一番の仕事は採用だと思っているぐらいです。採用については新卒から中途採用まで、必ず私がお話をさせていただいています。直接スカウトして、当社に来ていただくこともあります。

――どんな方をスカウトされているのでしょうか。

社長　地元の商工会議所や趣味でやっていたフットサルチームとか、私も交友関係が広くなってきまして、いろいろな業種の方たちと知り合う機会も増えてきたんです。そこで優秀な人に出会ったり、または紹介していただいたり……。これはという方には常にタイミングを大切にしながら声をかけてします。たとえば、新しく始めた生保事業では、外資系の保険会社に勤めていた方が今は3人もいます。

会長　そうした行動力も含めて、社長は努力しているなあと思うんですよ。

社長　会長はどちらかというと勘を働かせて時代の流れを捉え、商機をつかみ取るタイプでしょう。私はそういった勘があるわけではないので、時流などをしっかりと読んで、見極めながら動いていくタイプだと思っているんです。ですから、とにかく勉強はたくさんしました。外部で勉強会があると聞けばできるだけ参加し、伸びている会社を訪ねてどんな経営をしているか聞いてみたこともあります。セミナーなどにもずいぶんと通いました。

ただ、会長からは頭でっかちにならないように言われていますけど、その点については私も気をつけていて、そうした外部で学んだことで会社に生かせそうなことは、すぐに実行に移すようにしているんです。仕事にフィードバックしなくては意味がありませんから。それを売上に結びつけていくことで、社員たちも信頼してくれるようになったのでしょう。

私にとって大きな自信になったのは、会長についてきた社員の方々、それこそ私が小学生の頃から当社で働いてこられた方々が、今までのやり方を180度変えたところもあったにもかかわらず、一人も辞めずに残ってくれていることです。

――会長としては今後、どのように経営のかじ取りをしていったらいいと思われますか。

会長　これからの時代、なかなか先が見通せなくなっています。車もEV（電気自動車）が騒がれていますが、これからさらに大きく変わっていくでしょうね。まだまだバッテリーの能力が足りないと言われているけれど、5年も経てば問題点はクリアされていて、次の新しいものが出てくると思います。電気自動車の時代が来るのは確かだとしても、それがどんな車になっていくかは予想がつきません。何とも言えない。

そうなると、車屋の役割もまた考え直していかないとならないだろうね。自動車ではないところに業態が広がっていくことも視野に入れておく。いろいろな可能性も考えに入れながら、どういう商売が望ましいのかということも、これからの課題になっていくのでしょう。

だから、ホールディングスへの移行というのは決して悪いことではない。今、考えられる最良の方法かもしれないよね。さまざまな事業を分社化してそれぞれに社長をつくっていくという試みも、方法論としてはとてもいいことだと思っています。

社長　仕事のやり方や会社の形態などは変わっていくかもしれませんが、理念の部分はとても大事だと思っているんです。とくに「顧客の創造」という会長がつくった基本理念は変えてはいけないし、多分ずっと引き継がれていくだろうと思います。私だけでなく次の世代にも。

この理念は私が引き継いだ一番の宝物ではないかとも思っているんです。会長はそうした理念を自分の胸に秘めてみんなを引っ張っていくタイプでしたけど、私は理念はオープンにして、みんなに浸透させていこうというタイプですかね。そのうえでそれを社員みんなに実践してもらおうと。それで思い切りオープンにして、社員全員に伝え、共に考えてもらうようにしました。顧客を創るというのはどういうことなのか。じっくりと考えてもらう。

そうすると、車を売ることを仕事の軸にするのではなく、顧客を創ることに視点を置くようになります。車の販売も車検をすることも、保険業にしても、すべてお客様を創り出すためのサービスなんだと腹に落ちてくるんです。会長が事業を板金から販売に切り替えたことも、お客様を増やし、創ることにつながる。だから、うちの仕事のやり方というのは理念を基にする限り、ずっと変わらないんですよ。

それがこの5年間の社長業で得られた哲学というと大袈裟《おおげさ》ですけれど、自分なりの考え方ですね。そこには会長から引き継いだDNAも生かされています。

会長　顧客を創造していければ、どのような業種に変わろうとも仕事は続いていくはずなんですよ。それは確信している。そのために何をしていくか、そこが大事になってくるんだけどね。

社長　そうなんですよ。お客様さえいればいろいろなサービスは提供できます。事業拡大だけでなく、地域を盛り上げていくというのも会長が若い頃からしてきたことですよね。そうした地域経済の活性化ということもやっていきたいと思っています。地域経済の発展、

業界の発展、そのために尽くすこともまた経営者としての大事な仕事なのでしょう。
次の時代を考えると、社長でいられる期間というのはどんどん短くなっていくと思うんです。時代の変化のスピードがとてつもなく速くなっている。そうなると若い人の感覚には敵わないところが出てくるんです。ある期間ごとに「社長」を新しい世代につないでいくということが、これからの時代には必要かもしれません。そのためにもグループ企業をつくって、社長もつくっていきたいと思っています。
そうすることで、この会社も次のステージに上がっていけるのではないかと、私なりの目標を掲げているのです。
（令和5年2月10日、新社屋社長室にて）

おわりに

磯﨑自動車工業の行く末を現社長に託して5年、落成したばかりの新社屋で51年目を迎えることができたことを感慨深く思っています。

息子との対談でも触れましたが、大病を繰り返したことでこの日を迎えられないと思っていた時期もありました。それもあって、当初考えていたよりも早く社長交代に踏み切ったわけですが、ＥＶ化や自動運転の実用化が想定以上のスピードで進んでいる現状を見ると、当社が新しい一歩を踏み出すという意味では、あのタイミングでの代替わりでよかったのかもしれません。

50年にわたって会社を切り盛りしてきた立場からは、今の経営の進め方にはつい口を出したくなる点がまだまだあるというのが正直なところではありますが、それでも新しい取り組みに挑戦していこう、具体的な形にしていこうという社長の努力はとても好ましいと思っています。

この先の自動車業界は、さまざまな経験を重ねてきた私でも先が読みにくい、経営判断が難しい時代に入ってきたと感じています。今まで以上に新しいことを取り入れて多くの可能性を追求していく姿勢が経営者には求められるでしょう。ホールディングス制を敷いたことはそれを進めていくうえでの一つの方法ということでしょうし、そこから今まで思いも寄らなかったまったく新しい事業が芽吹き、当社を支える柱に成長するという展開もあり得ると考えます。

しかし、この先事業内容が大きく変化していくにしても、当社の成長をずっと下支えしてきた、「顧客の創造」に代表される理念は、これからも大事にしていってもらいたいというのが私の願いです。

幸い、この点については社長とも共有できているようで、今後も当社のアイデンティティともいえる理念や価値観を堅持しながら、新しい時代の「磯崎自動車工業」を築いていってくれるものと期待しています。

本書の刊行に当たり、アリーナ店の看板を掲げて以来お世話になってまいりましたスズキ株式会社の鈴木修相談役より、身に余る推薦のお言葉を頂戴しました。この紙面を借りまして厚く御礼申し上げます。心のこもった当社への激励と受け止め、今後も社員一同精進を重ねてまいります。

最後に、長年にわたって当社をご愛顧いただいたお客様、会社と私を支えてくださった関係先の皆さま、社員の皆さん、そして家族に心からの御礼を申し上げます。

誠にありがとうございました。

令和5年7月　磯﨑　孝

著者 **磯﨑 孝**（いそざき たかし）

磯﨑自動車工業株式会社 代表取締役会長。昭和22（1947）年11月25日、茨城県那珂郡（現・ひたちなか市）平磯町に生まれる。板金塗装会社勤務を経て、昭和47年10月、磯﨑自動車工業を創業、板金・整備会社として事業をスタート。昭和49年9月、中古車販売業に進出。昭和50年4月、茨城県中古自動車販売協会（JU茨城）加盟。平成9（1997）年3月、指定自動車整備事業に指定され、民間車検工場の事業を開始。平成14（2002）年2月、スズキと正規ディーラー契約を結び、スズキアリーナひたちなか東店の業務を開始。平成17年にスズキアリーナ水戸大洗インター店、平成21年にはスズキアリーナ水戸桜の牧店をオープン。平成29（2017）年11月、社長を退任し代表取締役会長に就任。茨城県中古自動車販売協会会長、茨城県中古自動車販売商工組合理事長、日本中古自動車販売商工組合 全国流通委員長、ひたちなか商工会議所副会頭などを歴任。令和5（2023）年、春の叙勲で旭日双光章受章。

成長の原動力は会社を儲からないようにする

日本の軽自動車市場を支えた磯﨑自動車工業の50年

2023年8月10日　第1刷発行

著　者　磯﨑 孝
発行者　鈴木勝彦
発行所　株式会社プレジデント社
〒102-8641　東京都千代田区平河町 2-16-1
平河町森タワー 13階
https://www.president.co.jp/
https://presidentstore.jp/
電話：編集（03）3237-3732　販売（03）3237-3731
編　集　桂木栄一
編集協力　千﨑研司（コギトスム）、山村基毅
撮　影　よねくらりょう
装　丁　竹内雄二
制　作　関 結香
販　売　高橋 徹　川井田美景　森田 巌　末吉秀樹
印刷・製本　中央精版印刷株式会社

ISBN978-4-8334-2504-9
Printed in Japan
落丁・乱丁本はおとりかえいたします。